改变全家人的

保健养生汤

主编

尚云青　云南中医学院教授、云南省烹饪协会常务理事

于雅婷　高级药膳食疗师、全营养辨证施膳专家

江苏凤凰科学技术出版社　凤凰含章

图书在版编目（CIP）数据

改变全家人的保健养生汤 / 尚云青，于雅婷主编
. —— 南京：江苏凤凰科学技术出版社，2016.3
ISBN 978-7-5537-5476-5

Ⅰ. ①改… Ⅱ. ①尚… ②于… Ⅲ. ①保健 – 汤菜 –
菜谱 Ⅳ. ① TS972.122

中国版本图书馆 CIP 数据核字 (2015) 第 230942 号

改变全家人的保健养生汤

主　　　编	尚云青	于雅婷
责 任 编 辑	樊　明	葛　昀
责 任 监 制	曹叶平	周雅婷

出 版 发 行	凤凰出版传媒股份有限公司
	江苏凤凰科学技术出版社
出版社地址	南京市湖南路 1 号 A 楼，邮编：210009
出版社网址	http://www.pspress.cn
经　　销	凤凰出版传媒股份有限公司
印　　刷	北京旭丰源印刷技术有限公司

开　　本	718mm × 1000mm　1/16
印　　张	15.5
字　　数	400千字
版　　次	2016年3月第1版
印　　次	2016年3月第1次印刷

标 准 书 号	ISBN 978-7-5537-5476-5
定　　价	36.00元

一碗汤，为全家人的健康护航

　　家庭是社会最基本的组成元素，和谐的家庭推动着整个社会的发展。中国式家庭中，男人在外面打拼，承担大部分生活责任；现代女性除了相夫教子，也和男性一样要面对工作的压力；老人为家庭和社会贡献了青春和精力，应该安享晚年；孩子是未来的希望，是生命的传承，需要好好培养。每个成员的健康是家庭幸福的保证，也是社会发展的推动力。

　　怎样让身体保持健康呢？除了运动和锻炼，饮食养生是日常生活中最普遍、最易实现的方式。汤作为传统饮食的重要组成部分，历史源远流长，兼具食疗、养生功效。尤其是养生汤，其根据药食同源的理论，采用食材搭配的方法，因制作简单而营养丰富、兼具保健价值而备受青睐。

　　就像承担不同的社会角色一样，家庭中男女老幼在饮食养生上也需要区别对待。男女的身体构造不同，无论是身体所需的营养还是有针对性的保健调理，都应根据性别差异来区别对待。传统中医学认为，男性的精、气、神均来源于肝、肾，其中肾的功能尤为重要。因此日常养生侧重于养精蓄锐、保肝益肾；女性因特殊的生理功能容易出现气血亏虚，需要脾胃来生化气血，以应对每月来潮以及胎孕，因此养生应注重脾胃功能的提升；老年人由于身体各器官机能逐渐衰退，养生保健应注重阴阳调和、温补进食；儿童各项生理机能处于上升期，保健重点则在于补充身体必需的各类营养物质。

　　中医学认为，养生与四时节气、五脏六腑都有着一一对应的关系。摄取营养应顺应春生、夏长、秋收、冬藏的规律：春天应选择有扶助正气、补益元气功效的食材；夏天应以清补健脾、祛暑化湿为养生原则；秋季应以养阴润燥、滋阴润肺为保健重点；冬季应选择温补肾阳的食品。此外，传统中医学认为，春养于肝、夏养于心、秋养于肺、冬养于肾。四季养生可与五脏养生结合起来，保健效果更佳。

　　本书根据养生原则与要点，给男人、女人、老人、孩子量身定制了功效不同的健康汤品，并结合四季养生、五脏保健，有针对性地选择营养汤品，图文并茂地进行讲解，给您全家带来简约而不简单的健康养生之路。

男人保健壮阳汤

目 录

女人调理养颜汤

老人延年益寿汤

阅读导航

我们在此特别制作了阅读导航这一单元，对于全书各章节的部分功能、特点等做一简介，这必然会大大提高您阅读本书的效率。

1 基础知识

有关汤品的基本知识浓缩在短短的几页之中，使您快速掌握想要学习的内容。

小节标题

提示本小节所要阐述的主要内容。

精彩图文

简练、优美的语言文字配以精美的彩色图片，您学到的不仅是知识，还有感官的享受。

煲汤"七要"

热气腾腾、香气四溢的汤总是能使人食欲大增。然而，要使喝汤真正起到强身健体、防病治病的作用，在汤的制作和饮用时一定要注重科学，做到"七要"。

1. 选料要得当

选料得当是制好汤品的关键，用于制汤的原料一般为肉、禽、鱼类、猪蹄骨、猪蹄子、猪骨、火腿等动物性食物，条件是必须鲜味足，异味小、血污少。这类食物含有丰富的蛋白质、氨基酸、核苷酸等，家禽的肉中还有能溶解于水的含氮浸出物，包括肌凝蛋白质、肌醇、肌肝、尿素和氨基酸等非蛋白含氮物质，这些都是汤中鲜味的主要来源。

2. 食材要新鲜

现代人所讲求的"鲜"并不是古人所说的"肉刚鲜、杀鱼宰鸡"的观点。而是指像、畜离在被杀死后的3～5小时之间，因为此时鱼或禽肉的各种酶会使蛋白质、脂肪分解为氨基酸、脂肪酸等人体易于吸收的物质，此时不但营养丰富，而且味道也是最好的。

3. 炊具要选择

说到煲汤的工具，还是以陈年瓦罐为最佳。瓦罐是由不易传热的石英、长石、黏土等原料复合成的陶土，经过高温烧制而成的，它的通气性和附着性均衡，还有传热均匀、散热缓慢等特点。制作汤时，瓦罐能均衡而持久地把外界热能传导给锅内的食材，这样相对平衡的环境温度，有利于水分子与食材的相互渗透，而相互渗透的时间维持越长，鲜美成分溢出得越多，熬制出的汤的滋味就越鲜醇，食材的质地就越软烂。

4. 火候要适当

煲汤的要诀是"旺火烧沸，小火慢煨"。只有这样，才能使食材中的蛋白质浸出物等鲜香物质尽可能地溶解出来，才能达到鲜醇味美的目的。只有小火才能使浸出物溶解得更多，既清澈，又浓醇。

5. 配水要合理

水既是鲜香食物的溶剂，又是传热的介质，水温的变化、用量的多少，对汤的味道有着直接的影响。一般来讲，用水量应是汤主要食材重量的3倍，同时应使食材与冷水共同受热，既不直接用沸水煮汤，也不要中途再加热水，烹调中途还应...

13

2 经典汤品展示

文图结合的方式，向您展示符合本章主体的对症汤品。

经典展示

本汤品不仅包括原料、做法，还有专家阐述的汤品解说，言简意赅，简略但不简单。

简易展示

仅阐述本汤品的原料和做法，对于相似的功效不再做重复性说明。

3 重点汤品展示

更深入的文字解说，更大更精美的图片展示，辅以本汤品重要原料的图文展示，说明这是您应该重点掌握的一道药膳佳肴。

本汤品的精美大图展示，令您过目不忘，印象深刻。

更加深入的汤品解读，更易于您掌握、理解。在收获美食的同时，更可以掌握一些常见药食材的医学知识。

附赠本汤品一种主要药食材的图文展示，为您献上更多惊喜。

4 原料图鉴

为了使您更好地了解各种汤品的特性，我们特此制作了原料图鉴部分。将一些常用的煲汤原料挑选出来，作深度讲解，包括性味归经、主治功效和选购贮藏的小窍门等，以飨读者。

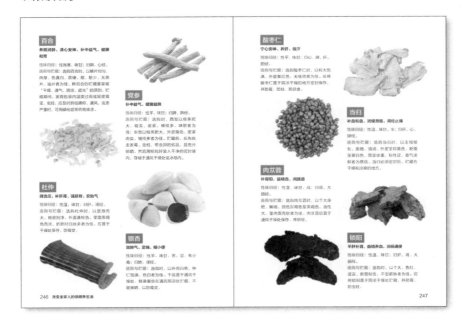

源远流长一碗汤

汤的历史

俗话说"民以食为先，食以汤为先"。汤不仅味道鲜美可口，而且营养成分多已溶于水中，极易吸收。

汤的历史悠久。很早以前，人们就知道喝汤了。据考古学家的考古研究表明，约在7000~8000年前，近东地区的人们就已学会了煮汤。古希腊是世界上最先懂得喝汤的国家。在奥林匹克运动会上，每个参赛者都会带着一头山羊或小牛先到宙斯神庙中去祭祀一番，然后按传统的仪式宰杀，再放在一口大锅中去煮。煮熟的肉给观众一起分吃，但汤却留下来给运动员独享，以增强体力。这表明在那个时候，人们就已懂得在煮熟的食物中，汤的营养最为丰富的道理。

我国拥有5000年的文明史，其中汤文化可达3000年之久。据考证，目前已知的世界上最古老的食谱就诞生于2700年前的中国。在这本食谱上记载有十几道汤品，其中有一道直到今天还在被人食用，那就是鸽蛋汤。这足以证明汤文化在中国源远流长。

汤的功效

汤里蕴含着丰富的营养物质，各种食材的营养成分都会在烹制过程中充分地渗出，致使汤里含有钙、磷、铁、蛋白质、维生素、氨基酸等人体必需的营养成分。例如，同样是猪肉，炒食与熬汤的功效就有很大不同。

在我国民间流传着很多关于养生汤的说法，如红糖生姜汤可以驱寒发表，银耳汤可以补阴，鲫鱼汤可以通奶水，墨鱼汤可以补血，鸽肉汤有利于伤口的愈合，等等。总之，汤虽然是一种普通的食品，但它所包含的烹饪技艺和食疗作用，却远非其他食物能及。几千年来，汤文化一直无声无息地存在于大众的生活中，并早已融入人们的血液中。

煲汤 "七要"

热气腾腾、香气四溢的汤总是能使人食欲大增。然而,要使喝汤真正起到强身健体、防病治病的作用,在汤的制作和饮用时一定要注重科学,做到"七要"。

1. 选料要得当

选料得当是制好汤品的关键。用于制汤的原料一般为鸡、鸭、鱼类、猪瘦肉、猪肘子、猪骨、火腿等动物性食物,条件是必须鲜味足、异味小、血污少。这类食物含有丰富的蛋白质、氨基酸、核苷酸等。此外,家禽的肉中还有能溶解于水的含氮浸出物,包括肌凝蛋白质、肌酸、肌酐、尿素和氨基酸等非蛋白质含氮物质,这些都是汤中鲜味的主要来源。

2. 食材要新鲜

现代人所讲求的"鲜"并不是古人所说的"肉吃鲜,杀鱼吃跳"的观点。而是指鱼、畜禽在被杀死后的3~5小时之间,因为此时鱼或禽肉的各种酶会使蛋白质、脂肪等分解为氨基酸、脂肪酸等人体易于吸收的物质,此时不但营养最丰富,而且味道也是最好的。

3. 炊具要选择

说到煲汤的工具,还是以陈年瓦罐为最佳。瓦罐是由不易传热的石英、长石、黏土等原料配合成的陶土,经过高温烧制而成的。它的通气性和吸附性均好,还具有传热均匀、散热缓慢等特点。制作汤品时,瓦罐能均衡而持久地把外界热能传导给罐内原料,这样相对平衡的环境温度,有利于水分子与食材的相互渗透,而相互渗透的时间维持得越长,鲜香成分溢出得就越多,熬制出的汤的滋味就越鲜醇,食材的质地就越软烂。

4. 火候要适当

煲汤的要诀是"旺火烧沸,小火慢煨"。只有这样,才能使食材内的蛋白质浸出物等鲜香物质尽可能地溶解出来,才能达到鲜醇味美的目的。只有小火才能使浸出物溶解得更多,既清澈,又浓醇。

5. 配水要合理

水既是鲜香食物的溶剂,又是传热的介质。水温的变化、用量的多少,对汤的味道有着直接的影响。一般来讲,用水量须是汤品主要食材重量的3倍,同时应使食材与冷水共同受热,既不直接用沸水煨汤,也不要中途再加

冷水，这样才能使食材中的营养物质缓慢地溢出，最终达到汤色清澈的效果。

6. 搭配要适宜

许多食物之间已有固定的搭配模式，使营养素起到互补作用，即餐桌上的"黄金搭配"。例如，海带炖肉汤，其中的酸性食品肉与碱性食品海带可以发生"组合效应"，这也是日本的"长寿食品"。需要注意的是，为了使汤的口味比较醇正，一般不用很多品种的动物性食材一起煲汤。

7. 操作要精细

注意调味料的投放顺序。尤其要特别注意煲汤时不要先放盐，因为盐具有渗透作用，会使食材中的水分排出、蛋白质凝固，导致鲜味不足。一般来说，$60 \sim 80℃$的温度易引起部分维生素被破坏，而煲汤使食物温度长时间维持在$85 \sim 100℃$。因此，若在汤中加蔬菜应随放随吃，以减少维生素C的破坏。如在汤中适量放入味精、香油、胡椒、姜、葱、蒜等调味品，可使其别具特色，但注意用量不宜太多，以免影响汤的原味。

要讲究喝汤的时间

常言道"饭前喝汤，苗条健康""饭后喝汤，越喝越胖"，这有一定的科学道理。吃饭前先喝汤，等于给上消化道加点"润滑剂"，使食物顺利下咽；吃饭中途不时喝点汤水有助食物的稀释和搅拌，有益于胃肠道对食物的吸收和消化。同时，吃饭前先喝汤，会使胃部分充盈，可减少主食的纳入，从而避免热量摄入过多；而饭后喝汤，容易使营养过剩，造成肥胖。值得注意的是，不要片面地认为鱼、鸡等原料熬成的"精汤"最营养。实验证明，无论你熬得多久，仍有营养成分留在"肉渣"中。所以，只喝汤不吃"肉渣"是不科学的。

男人保健壮阳汤

　　经常饮用保健汤品，是男性强身健体、防病治病的一条最安全、最有效、最便捷的途径。本章就分别从男性亚健康状态、男性常见疾病等角度出发，——讲解各种保健汤品，供广大男性朋友选择。希望您能从中受益，做好日常保健护理，远离疾病的困扰。

黄芪山药鱼汤

原料

黄芪……………………………………………15 克
山药……………………………………………20 克
鲫鱼……………………………………………1 条
姜、葱、盐各适量

做法

❶ 将鲫鱼去鳞、内脏，洗净，在鱼两侧各划一刀备用；姜洗净切丝；葱洗净切花。

❷ 将黄芪、山药放入锅中，加适量水煮沸，然后转小火熬煮约15分钟后再转中火，放入鲫鱼煮约10分钟。

❸ 鱼熟后放入姜丝、葱花、盐调味即可。

汤品解说

鲫鱼益气健脾，黄芪益气补虚，山药补养肺气；三者搭配同食，可提高人体免疫力，对体虚反复感冒者有一定的食疗效果。

杏仁萝卜炖猪肺

原料

猪肺……………………………………… 250 克
南杏仁、花菇……………………………各40 克
萝卜……………………………………… 200 克
高汤、姜、盐、味精各适量

做法

❶ 猪肺洗净，切块；南杏仁、花菇浸透洗净；萝卜洗净，带皮切块；姜洗净切片。

❷ 将以上用料连同高汤一起放入炖盅，盖上盅盖隔水炖，先用大火炖30分钟，再用中火炖50分钟，后用小火炖1小时，炖好后加盐、味精调味即可。

汤品解说

猪肺补肺止血，南杏仁祛痰止咳，萝卜能化积滞；三者合用能敛肺定喘、止咳化痰、增强体质，适合体虚导致的反复感冒者食用。

参芪炖牛肉

原料

党参、黄芪······················各20 克
牛肉····························250 克
葱、料酒、盐、香油、味精各适量

做法

❶ 牛肉洗净，切块；党参、黄芪分别洗净，党参切段；葱洗净切段。

❷ 将党参、黄芪与牛肉同放于砂锅中，注入清水1 000毫升，以大火烧沸后，加入葱段和料酒，转小火慢炖至牛肉酥烂，加盐、味精调味，淋上香油即可。

汤品解说

党参、黄芪均有补气固表、益脾健胃的功效；牛肉可强健体魄、增强抵抗力。三者合用，对体质虚弱易感冒者有一定的补益效果。

双仁菠菜猪肝汤

原料

猪肝····························200 克
菠菜······························2 棵
酸枣仁、柏子仁·················各10 克
盐适量

做法

❶ 将酸枣仁、柏子仁装在棉布袋里，扎紧口。

❷ 猪肝洗净切片；菠菜去头，洗净切段；将布袋入锅加4碗水熬药汤，熬至约剩3碗水。

❸ 猪肝汆烫后捞起，和菠菜一起放入药汤中，待水沸腾即熄火，加盐调味即成。

汤品解说

菠菜和猪肝含铁丰富，是补血滋阴的佳品；酸枣仁、柏子仁有养心安神的功效。四者搭配，适合因心血亏虚引起的失眠多梦者食用。

灵芝红枣瘦肉汤

原料

猪瘦肉……………………………………… 300 克
灵芝……………………………………………… 6 克
红枣、盐各适量

做法

❶ 将猪瘦肉洗净、切片；灵芝、红枣均洗净，
备用。
❷ 净锅上火倒入适量水，下猪瘦肉烧沸，捞去
浮沫。
❸ 下灵芝、红枣，转小火煲煮2小时，加盐调
味即可。

汤品解说

灵芝可益气补心、补肺止咳；红枣可补气养
血；猪肉可健脾补虚。三者同用，可调理心脾
功能，改善贫血症状。

远志菖蒲鸡心汤

原料

鸡心………………………………………… 300 克
胡萝卜…………………………………………1 根
远志、菖蒲…………………………… 各15 克
葱、盐各适量

做法

❶ 将远志、菖蒲装在棉布袋内，扎紧袋口。
❷ 将鸡心汆烫，捞起备用；葱洗净，切成段。
❸ 将胡萝卜削皮，洗净切片，与棉布袋一起放
入锅中，加4碗水煮汤；以中火滚沸至剩3
碗水，再加入鸡心煮沸，下葱段、盐即可。

汤品解说

远志能安神益智、祛痰消肿；菖蒲能开窍醒
神、化湿和胃。本品能滋补心脏，可有效改善
失眠多梦、健忘惊悸、神志恍惚等症状。

黑豆牛肉汤

原料

黑豆 ……………………………………… 200 克
牛肉 ……………………………………… 500 克
姜、盐各适量

做法

❶ 黑豆淘净，沥干；姜洗净，切片。

❷ 牛肉洗净，切成方块，放入开水中氽烫，捞起冲净。

❸ 将黑豆、牛肉、姜片盛入煮锅，加适量水，以大火煮沸后，转小火慢炖50分钟，加盐调味即可。

汤品解说

黑豆有补肾益血、强筋健骨的功效；牛肉有滋补的功效，能促进精力集中及增强记忆力。二者合用，对倦怠疲劳者有一定的食疗作用。

桂圆干老鸭汤

原料

老鸭 ……………………………………… 500 克
桂圆干 …………………………………… 20 克
姜、盐、鸡精各适量

做法

❶ 老鸭去毛和内脏，洗净斩件，入开水锅氽烫；桂圆干去壳；姜洗净切片。

❷ 将老鸭肉、桂圆干、姜片放入锅中，加入适量清水，以小火慢炖。

❸ 待桂圆干变得圆润之后，调入盐、鸡精调味即可。

汤品解说

桂圆干能补血安神、补养心脾；鸭肉能养胃滋阴、大补虚劳。二者同用，能有效改善脾胃虚弱、肢体倦怠、食欲不振等症。

节瓜山药煲老鸭

原料

老鸭·······················400 克
节瓜·······················150 克
山药、莲子、盐、鸡精各适量

山药：补脾养胃、补肾涩精

做法

❶ 将老鸭处理干净，斩件氽水；山药洗净，去皮切块；节瓜洗净，去皮切片；莲子洗净去心。

❷ 汤锅中放入老鸭、山药、节瓜、莲子，加入适量清水。

❸ 以大火烧沸后改小火慢炖2.5小时，调入盐和鸡精即可。

汤品解说

老鸭有大补虚劳、益气健脾的功效；山药有补肺、脾、肾三脏之效；莲子能健脾、固肾。此汤药性平和，补而不燥，对倦怠乏力、食欲不振等症均有改善效果。

萝卜煲羊肉

原料

羊肉……………………………………… 350 克
萝卜………………………………………100 克
枸杞………………………………………10 克
姜、盐、鸡精各适量

做法

1. 羊肉洗净，切块，氽水；萝卜洗净，去皮，切块；姜洗净，切片；枸杞洗净，浸泡。
2. 炖锅中注水，烧沸后放入羊肉、萝卜、姜片、枸杞，用小火炖。
3. 炖2小时后，转大火，调入盐、鸡精，稍炖出锅即可。

汤品解说

羊肉可益气补虚、促进血液循环，能使皮肤红润、增强御寒能力；萝卜能帮助消化。二者合用，对畏寒肢冷有一定食疗作用。

杜仲板栗乳鸽汤

原料

乳鸽……………………………… 400 克
板栗……………………………………150 克
杜仲……………………………… 50 克
盐适量

做法

1. 将乳鸽斩件；板栗入开水中煮5分钟，捞起后剥去壳。
2. 将乳鸽块放入开水中氽烫，捞起冲净后沥干水分。
3. 将鸽肉、板栗和杜仲放入锅中，加适量的水用大火煮沸，再转小火慢煮30分钟，加盐调味即可。

汤品解说

本品对肝肾亏虚引起的腰酸腰痛有很好的疗效。尤其适合男性食用。

猪蹄炖牛膝

原料

猪蹄……………………………………1 只
牛膝……………………………………15 克
西红柿……………………………………1 个
盐适量

做法

① 将猪蹄剁成块，放入开水中汆烫后，捞起冲洗干净。
② 将西红柿洗净，在表皮轻划数刀，放入开水烫至皮翻开，捞起去皮切块。
③ 将猪蹄、西红柿和牛膝一起盛入锅中，加适量水以大火煮沸，转小火续煮30分钟，加盐调味即可。

汤品解说

猪蹄可调补气血；牛膝可行气活血、补肾强腰；本品具有祛淤疗伤的功效，能改善腰部扭伤、肌肉拉伤症状。

鹿茸熟地瘦肉汤

原料

山药……………………………… 30 克
鹿茸、熟地……………………… 各10 克
猪瘦肉…………………………… 200 克
盐、味精各适量

做法

① 山药去皮洗净，切块；鹿茸、熟地均洗净备用；猪瘦肉洗净切块。
② 锅中注水烧沸，放入猪瘦肉、山药、鹿茸、熟地，以大火烧沸后，转小火慢炖2小时，放入盐、味精调味即可。

汤品解说

鹿茸补肾壮阳、益精生血；山药补脾养胃、补肾涩精；熟地滋阴补肾。故本品能补精髓、助肾阳、强筋健骨，可治疗男性性欲减退。

枸杞牛蛙汤

原料

牛蛙 ……………………………………… 2 只
枸杞 ………………………………………10 克
姜、盐各适量

做法

① 将牛蛙洗净剁块，氽烫后捞出备用。
② 将姜洗净，切丝；枸杞以清水泡软。
③ 锅中加水1500毫升煮沸，放入牛蛙、枸杞、姜丝，煮沸后转中火续煮2~3分钟，待牛蛙肉熟嫩，加盐调味即可。

汤品解说

牛蛙肉有清热解毒、消肿止痛、补肾益精、养肺滋肾的功效；枸杞可清肝明目。此汤具有滋阴补虚、健脾益血、清肝明目的功效。

陈皮猪肝汤

原料

佛手、山楂、陈皮 ………………… 各10 克
丝瓜 ……………………………… 30 克
猪肝、枸杞、盐、香油、料酒各适量

做法

① 将猪肝洗净切片；丝瓜洗净切片；将佛手、山楂、陈皮均洗净，加开水浸泡1小时后去渣取汁。
② 碗中放入猪肝片，加药汁、盐、料酒、丝瓜、枸杞，隔水蒸熟。
③ 最后向碗中淋上少许香油调味服食。

汤品解说

猪肝可调节和改善贫血患者造血系统的生理功能；与佛手、山楂、陈皮配伍，可清肝解郁、通经散瘀、解毒消肿，适宜视力减退者食用。

家常牛肉煲

原料

酱牛肉⋯⋯⋯⋯⋯⋯⋯⋯⋯⋯⋯⋯⋯ 200 克
西红柿⋯⋯⋯⋯⋯⋯⋯⋯⋯⋯⋯⋯⋯150 克
土豆⋯⋯⋯⋯⋯⋯⋯⋯⋯⋯⋯⋯⋯⋯100 克
高汤、葱、盐各适量

做法

❶ 将酱牛肉、西红柿、土豆均洗净，切块，备用；葱洗净切花。

❷ 净锅上火倒入高汤，放入酱牛肉、西红柿、土豆，调入盐煲至熟，撒上葱花即可食用。

汤品解说

牛肉可补脾胃、益气血、强筋骨；西红柿可消除疲劳、增进食欲；土豆可和胃健中。故本品适宜身体虚弱、食欲不振者食用。

胡椒猪肚汤

原料

猪肚⋯⋯⋯⋯⋯⋯⋯⋯⋯⋯⋯⋯⋯1 个
蜜枣⋯⋯⋯⋯⋯⋯⋯⋯⋯⋯⋯⋯ 5 颗
胡椒⋯⋯⋯⋯⋯⋯⋯⋯⋯⋯⋯⋯⋯15 克
盐、生粉各适量

做法

❶ 将猪肚用盐、生粉搓洗，再用清水洗净。

❷ 将洗净的猪肚入开水中氽烫，刮去白膜后捞出，再将胡椒放入猪肚中，以线缝合。

❸ 将猪肚放入砂煲中，加入蜜枣，再加入适量清水，以大火煮沸后改小火煲2小时，猪肚拆去线后，加盐调味即可。

汤品解说

胡椒可暖胃健脾；猪肚有健脾益气、开胃消食的功效。二者合用可增强食欲，故本品可改善食欲不振者的厌食症状。

薏米板栗瘦肉汤

原料

猪瘦肉·······················200 克
板栗·······················100 克
薏米························· 60 克
枸杞、葱花、高汤、盐、味精各适量

做法

❶ 将猪瘦肉洗净切丁、汆水；将板栗剥壳；薏米洗净。

❷ 净锅上火倒入高汤，加入猪瘦肉、板栗、薏米、枸杞和葱花，再调入盐、味精煲熟，即可食用。

汤品解说

本品可补肝护肾、利水消肿，适合肾虚的男性患者食用。

薏米鸡块汤

原料

鸡肉·······················200 克
山药························· 50 克
薏米························· 20 克
盐适量

做法

❶ 将鸡肉洗净，切块汆水；山药去皮，洗净，切成块；薏米淘洗净，泡软备用。

❷ 汤锅上火倒入水，放入鸡块、山药、薏米，调入盐煲至熟，即可食用。

汤品解说

本品可利水渗湿、健脾益胃，适合风湿性关节炎、水肿、泄泻等男性患者食用。

黑芝麻乌鸡红枣汤

原料

乌鸡······300 克
红枣······10 颗
黑芝麻······50 克
盐适量

做法

❶ 将乌鸡洗净切块，氽烫后捞起备用；将红枣洗净。

❷ 将乌鸡、红枣、黑芝麻和水一同放入锅内，用小火煲约2小时，再加盐调味即可。

银杏莲子乌鸡汤

原料

银杏······30 克
莲子······50 克
乌鸡腿······1 个
盐适量

做法

❶ 将乌鸡腿洗净剁块，氽水；莲子洗净。

❷ 将乌鸡腿放入锅中，加水至没过材料，以大火煮沸，转小火煮20分钟。

❸ 加入莲子，续煮15分钟，再加入银杏煮沸，最后加盐调味，即可食用。

莲子芡实猪尾汤

原料

猪尾······100 克
芡实、莲子、盐各适量

做法

❶ 猪尾洗净，剁成段，氽水备用；芡实洗净；莲子去皮、去心，洗净。

❷ 把猪尾、芡实、莲子放入炖盅，注入清水，以大火烧沸，改小火煲煮2小时，加盐调味即可食用。

山药枸杞牛肉汤

原料

新鲜山药 ·································· 600 克
枸杞 ····································· 10 克
牛肉 ····································· 500 克
盐适量

做法

❶ 将牛肉切块、洗净，氽烫后捞起，再用水冲洗干净。

❷ 将山药削皮，洗净切块；枸杞洗净。

❸ 将牛肉盛入煮锅，加入7碗水，以大火煮沸，转小火慢炖1小时；加入山药、枸杞续煮10分钟，加盐调味即可。

汤品解说

牛肉能提供优质蛋白，可防止贫血，增强体力，调整人体机能；山药药食两用。二者搭配，有补脾养胃、生津益肺、补肾涩精的功效，适合男性体质虚弱者食用。

木耳红枣汤

原料

黑木耳 ·································· 30 克
红枣 ····································· 10 颗
红糖 ····································· 20 克

做法

❶ 将黑木耳用温水泡发，择洗干净，撕成小片备用。

❷ 将红枣洗净，去核备用。

❸ 锅内加水适量，放入黑木耳、红枣，以小火煎沸10~15分钟，调入红糖即可。

汤品解说

红糖可补中舒肝、健脾暖胃；红枣能补脾和胃、益气生津。此汤有和血养容、滋补强身的功效，适用于贫血、消瘦者。

带鱼黄芪汤

原料

带鱼 ·· 500 克
黄芪 ·· 30 克
炒枳壳 ··10 克
油、葱、姜、料酒、盐各适量

做法

❶ 将黄芪、炒枳壳洗净，装入纱布袋中，扎紧口，制成药包。

❷ 将带鱼去头，斩成段，洗净；葱洗净，切段；姜洗净切片。

❸ 锅上火，倒入油后，将带鱼段下锅稍煎；然后放入适量清水，放入药包、料酒、盐、葱段、姜片；煮至鱼肉熟，拣去药包即可。

汤品解说

黄芪可益气补虚，炒枳壳能行气散结，带鱼有强心补肾、舒筋活血的功效；三者搭配，营养丰富，并且能够行气散结、益气补虚。

补骨脂虫草羊肉汤

原料

补骨脂、冬虫夏草 ······················· 各2 克
熟地、枸杞 ·································· 各10 克
山药 ·· 30 克
羊肉 ··· 750 克
姜片、蜜枣、盐各适量

做法

❶ 将羊肉洗净，切块，用开水汆烫，去除膻味，备用。

❷ 将补骨脂、冬虫夏草、山药、熟地、枸杞均洗净。

❸ 把所有材料放入锅内，加适量清水，以大火煮沸后，改小火煲3小时，加盐调味即可。

汤品解说

此汤可温补肝肾、益精填髓、养血滋阴，对肝肾虚弱、腰膝酸软、阳痿、早泄、身体倦怠等症有食疗作用。

黑木耳猪尾汤

原料

猪尾……………………………………100 克
生地、黑木耳、盐各适量

做法

1 将猪尾洗净，切成段；生地洗净，切成段；黑木耳泡发，洗净，撕成片。
2 将锅注入适量水烧沸，放入猪尾氽透，捞起冲洗干净。
3 将猪尾、黑木耳、生地放入炖盅，加入适量水，以大火烧沸后改小火煲2小时，加盐调味即可。

汤品解说

猪尾具有补阴益髓的功效，能预防骨质疏松；黑木耳有益气充饥、轻身强智、止血止痛的功效。此汤对男性耳鸣患者有很好的食疗作用。

石韦蒸鸭

原料

石韦……………………………………10 克
鸭肉…………………………………… 300 克
盐、清汤各适量

做法

1 将石韦用清水冲洗干净，用布袋包好。
2 将鸭肉去骨、洗净；将包好的石韦和鸭肉放入容器中，加清汤，上笼蒸至鸭肉熟烂；捞起布袋丢弃，加盐调味即可。

汤品解说

石韦利水通淋、清肺泄热；鸭肉养胃生津、清热健脾。本品可清热生津，适合肾结石、尿路感染、急性肾炎等男性患者食用。

三参炖三鞭

原料

牛鞭、鹿鞭、羊鞭……………………各200克
西洋参、人参、沙参……………………各5克
老母鸡……………………………………1只
盐、味精各适量

做法

❶ 将各种鞭削去尿管，洗净切成片。
❷ 将各种参洗干净；老母鸡处理好并洗净。
❸ 锅中加入适量水，用小火将老母鸡、三参、三鞭一起煲3小时，加盐和味精调味即可。

汤品解说

牛鞭、鹿鞭、羊鞭均是补肾壮阳的良药；人参、西洋参、沙参有益气补虚、滋阴润燥的功效。此汤可有效改善阳痿症状。

牛鞭汤

原料

牛鞭……………………………………1根
姜、盐各适量

做法

❶ 将牛鞭切段，放入开水中汆烫，捞出洗净备用；姜洗净，切片。
❷ 锅洗净，置于火上，将牛鞭、姜片一起放入锅中，加水至没过所有材料，以大火煮沸后转小火慢炖约30分钟，起锅前加盐调味，即可食用。

汤品解说

牛鞭含有雄激素，是补肾壮阳的佳品，对心理性性功能障碍有较好的改善作用。此汤适合由心理紧张引起的阳痿、早泄患者食用，但不宜多食。

鹿茸黄芪煲鸡汤

原料

鸡 ·······································500 克
瘦肉 ·····································300 克
鹿茸、黄芪 ·······················各20 克
姜、盐、味精各适量

鹿茸：补气固表、保肝利尿

做法

❶ 将鹿茸切片，放置于清水中洗净；黄芪洗净；姜去皮，切片；瘦肉洗净切成厚块。

❷ 将鸡洗净，斩成块，放入开水中焯去血水后，捞出备用。

❸ 锅内注入适量水，放入所有原料，以大火煲沸后，再改小火煲3小时，加盐和味精调味即可。

汤品解说

鹿茸可补肾壮阳；黄芪可健脾益气。二者合用，对由肾阳不足、脾胃虚弱、精血亏虚所引起的阳痿早泄、尿频遗尿、腰膝酸软、筋骨无力等症状均有较好的食疗效果。

板栗排骨汤

原料

鲜板栗·······························250 克
排骨·······························500 克
胡萝卜、盐各适量

做法

❶ 将板栗用小火煮约5分钟，捞起剥壳。
❷ 将排骨放入开水中汆烫，捞起洗净；胡萝卜削皮，洗净切块。
❸ 将以上材料放入锅中，加水没过材料，以大火煮沸，转小火续煮30分钟，加盐调味，即可食用。

板栗冬菇老鸡汤

原料

老鸡·······························200 克
板栗肉·······························30 克
冬菇·······························20 克
枸杞、菊花、盐各适量

做法

❶ 将老鸡洗净，切块，汆水；板栗肉洗净；冬菇浸泡洗净，切片备用。
❷ 净锅上火倒入水，调入盐，放入鸡肉、板栗肉、冬菇、枸杞煲至熟，撒上葱花即可。

核桃牛肉汤

原料

核桃、腰果·······························各50 克
牛肉·······························200 克
枸杞、葱花、盐、鸡精各适量

做法

❶ 将牛肉洗净，切块，汆水。
❷ 将核桃、腰果均洗净备用。
❸ 汤锅上火倒入水，放入所有材料，调入盐、鸡精煲至熟，撒入葱花，即可食用。

花生香菇鸡爪汤

原料

鸡爪·····························250 克
花生米··························45 克
香菇······························4 朵
高汤、盐各适量

做法

① 将鸡爪洗净；花生米洗净浸泡；香菇洗净，切片备用。

② 净锅上火倒入高汤，放入鸡爪、花生米、香菇煲至熟，调入盐即可食用。

银杏小排汤

原料

小排骨·····························500 克
银杏·······························30 克
料酒、盐、味精各适量

做法

① 将小排骨洗净，斩段。

② 银杏洗净后加水煮15分钟。

③ 将小排骨、料酒和适量水一起入锅，用小火焖煮1小时后，再加入银杏煮熟，调入盐、味精，即可食用。

银杏玉竹猪肝汤

原料

银杏······························100 克
玉竹······························10 克
猪肝······························200 克
枸杞、葱花、高汤、盐、味精各适量

做法

① 将猪肝洗净切片；银杏、玉竹均洗净。

② 净锅上火倒入高汤，放入猪肝、银杏、玉竹、枸杞，调入盐、味精烧沸，撒上葱花即可食用。

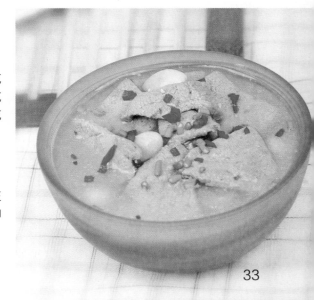

猪骨黄豆丹参汤

原料

猪骨·······························400 克
黄豆·······························250 克
丹参······························· 20 克
肉桂·······························10 克
料酒、盐、味精各适量

做法

❶ 将猪骨洗净，斩块；黄豆去杂，洗净；将丹参、肉桂用干净纱布包好，扎紧袋口。

❷ 砂锅注水，放入猪骨、黄豆、纱布袋，以大火烧沸，改用小火炖煮约1小时，拣出布袋，加盐、味精、料酒调味即可。

汤品解说

丹参具有祛淤止痛、凉血散结、除烦安神的功效，与肉桂、黄豆搭配，对由血热淤滞所引起的阴茎异常勃起有一定的改善作用。

莲子百合排骨汤

原料

排骨·······························200 克
莲子、芡实、百合、盐各适量

做法

❶ 将排骨洗净，切块，汆去血渍；莲子去皮、去心，洗净；芡实洗净；百合洗净泡发。

❷ 将排骨、莲子、芡实、百合放入砂煲，注入清水，以大火烧沸，改小火煲2小时，加盐调味即可。

汤品解说

莲子可止泻固精、益肾健脾；芡实具有收敛固精、补肾助阳的功效。此汤对由肾虚引起的早泄、阳痿等症有较好的食疗效果。

枸杞水蛇汤

原料

水蛇·························· 250 克
枸杞·························· 30 克
油菜·························· 20 克
高汤、盐各适量

做法

❶ 将水蛇洗净切片，氽水待用；枸杞洗净；油菜洗净。

❷ 净锅上火，倒入高汤，放入水蛇、枸杞，煲至熟时下油菜稍煮，最后加盐调味即可。

汤品解说

水蛇能治消渴，除四肢烦热、口干心躁；枸杞能清肝明目、补肾助阳。二者搭配，对肝肾亏虚、腰膝酸软、阳痿、遗精等症均有较好的食疗作用。

海马猪骨肉汤

原料

猪骨肉·························· 220 克
海马·························· 2 只
胡萝卜·························· 50 克
盐、味精、鸡精各适量

做法

❶ 将猪骨肉斩件，洗净氽水；胡萝卜洗净去皮，切块；海马洗净。

❷ 将猪骨肉、海马、胡萝卜放入炖盅内，加适量清水炖2小时，最后放入味精、盐、鸡精调味即可。

汤品解说

海马具有强身健体、补肾壮阳、舒筋活络等功效；猪骨肉能敛汗固精、止血涩肠、生肌敛疮。此汤对早泄患者有很好的食疗功效。

板栗猪腰汤

原料

板栗···50 克

猪腰··100 克

红枣、姜、盐、鸡精各适量

板栗：养胃、健脾、补肾

做法

① 将猪腰洗净，切开，除去白色筋膜，入开水 汆去表面血水，捞出洗净。

② 将板栗剥壳；红枣洗净；姜洗净切片。

③ 用瓦煲装水，在大火上滚开后放入猪腰、板 栗、姜片、红枣，以小火煲2小时，加盐、鸡 精调味即可。

汤品解说

板栗有补肾强骨、健脾养胃、活血止血的功 效；猪腰有理肾气、通膀胱、消积滞、止消 渴的作用；红枣益气养血。三者配伍，能有效 改善因肾虚所导致的腰酸痛、遗精、耳聋、水 肿、小便不利等症。

五子下水汤

原料

鸡内脏（鸡心、鸡肝、鸡胗）⋯⋯⋯⋯1 份
茺蔚子、蒺藜子、覆盆子、车前子、菟丝
子 ⋯⋯⋯⋯⋯⋯⋯⋯⋯⋯⋯⋯⋯⋯⋯各10 克
姜、葱、盐各适量

做法

1 将鸡内脏洗净，切片；姜洗净，切丝；葱洗
净，切丝；5种药材均洗净。
2 将5种药材放入棉布袋内，放入锅中，加水
煎汁。
3 捞起棉布袋丢弃，转中火，放入鸡内脏、姜
丝、葱丝煮至熟，最后加盐调味即可。

汤品解说

覆盆子补肝益肾、固精缩尿；菟丝子补肾益
精、养肝明目。五子与鸡胗搭配，具有益肾固
精的功效，适合由肾虚导致的阳痿患者食用。

三味鸡蛋汤

原料

鸡蛋⋯⋯⋯⋯⋯⋯⋯⋯⋯⋯⋯⋯⋯ 1 个
去心莲子、芡实、山药 ⋯⋯⋯⋯⋯⋯各 9 克
冰糖适量

做法

1 芡实、山药、莲子均用水洗净，备用。
2 将莲子、芡实、山药放入锅中，加入适量清
水熬成药汤。
3 加入鸡蛋煮熟，汤内再加入冰糖即可。

汤品解说

莲子止泻固精、益肾健脾；芡实收敛固精、补
肾助阳；山药补脾养胃、生津益肺。此汤有补
脾益肾、固精安神的功效，可治疗遗精、早泄
等症。

芡实莲子煲鸭汤

原料

鸭肉····································600 克
猪骨肉、牡蛎、蒺藜子·············各10 克
芡实·································· 50 克
莲须、鲜莲子······················各100 克
盐适量

做法

1. 将鸭肉洗净，斩件，氽烫；将莲子、芡实冲净，沥干水分备用。
2. 将猪骨肉、牡蛎、蒺藜子、莲须洗净，放入纱布袋中，扎紧袋口。
3. 将莲子、芡实、鸭肉及纱布袋放入煮锅中，加水至没过原料，以大火煮沸，再转小火续炖40分钟左右，加盐调味即可。

汤品解说

猪骨肉能敛汗固精、止血涩肠；芡实收敛固精、补肾助阳。本品有温阳涩精的功效，适用于阳痿、早泄、遗精等症。

淡菜枸杞煲乳鸽

原料

乳鸽····································1 只
淡菜·································· 50 克
枸杞、盐各适量

做法

1. 将乳鸽宰杀，去毛及内脏，洗净；淡菜、枸杞均洗净，泡发。
2. 锅加水烧热，将乳鸽放入锅中稍滚5分钟，捞起。
3. 将乳鸽、枸杞放入瓦煲内，注入适量水，以大火煲沸，放入淡菜，改小火煲2小时，最后加盐调味即可。

汤品解说

淡菜具有补肝肾、益精血的功效；乳鸽能补肝壮肾、益气补血、清热解毒、生津止渴。此汤对少精无精症患者有很好的食疗功效。

鳝鱼苦瓜枸杞汤

原料

鳝鱼·····················300 克
苦瓜······················40 克
枸杞·······················10 克
高汤、盐各适量

做法

① 将鳝鱼洗净切段，汆水；苦瓜洗净，去籽切片；枸杞洗净备用。

② 净锅上火倒入高汤，下鳝段、苦瓜、枸杞，待烧沸，调入盐煲至熟即可。

汤品解说

鳝鱼可补气养血、温阳健脾、滋补肝肾；枸杞能清肝明目、补肾助阳。此汤对由气血亏虚所导致的少精无精症有一定的改善作用。

鹌鹑笋菇汤

原料

鹌鹑·······················1 只
冬笋······················20 克
水发香菇、金华火腿·············各10 克
葱、鲜汤、料酒、鸡精、胡椒粉、盐各适量

做法

① 将鹌鹑洗净，去内脏；冬笋、香菇洗净，切碎；火腿和葱均切末。

② 砂锅上火，下油烧热，倒入鲜汤，放入除火腿以外的各种原料，再用大火煮沸。

③ 改小火煮60分钟，加火腿末稍煮，加入料酒、盐、葱末、鸡精、胡椒粉即可。

汤品解说

鹌鹑具有补中益气、清利湿热的功效。此汤适合因身体虚弱、肾精亏虚引起的少精无精症患者作为进补的食疗汤品。

灵芝鹌鹑汤

原料

鹌鹑···1 只
党参··· 20 克
灵芝··· 8 克
枸杞··· 10 克
红枣··· 5 颗
盐适量

做法

❶ 将灵芝洗净，泡发撕片；将党参洗净，切薄片；枸杞、红枣均洗净，泡发。

❷ 将鹌鹑宰杀，去毛、内脏，洗净后汆水。

❸ 炖盅注水，下灵芝、党参、枸杞、红枣，以大火烧沸，放入鹌鹑，以小火煲煮3小时，加盐调味即可。

汤品解说

党参补中益气、健脾益肺；灵芝宁心安神、补益五脏。此汤对由身体虚弱、肾精亏虚引起的少精、无精、不射精者有较好的食疗效果。

玉米须鲫鱼汤

原料

鲫鱼··· 450 克
玉米须···150 克
莲子··· 5 克
枸杞、香菜段、葱、姜、盐、味精各适量

做法

❶ 将鲫鱼洗净，去鳞、内脏，在鱼身上划几刀。

❷ 将玉米须洗净；莲子洗净；葱洗净切段；姜洗净切片。

❸ 用油锅炝葱段、姜片，下鲫鱼略煎，加入适量水、玉米须、莲子、枸杞煲至熟，调入盐、味精，撒上香菜段即可。

汤品解说

玉米须具有清热利湿、利尿通淋的功效；鲫鱼可健脾开胃、利水除湿。此汤能有效缓解因湿热下注引起的前列腺增生。

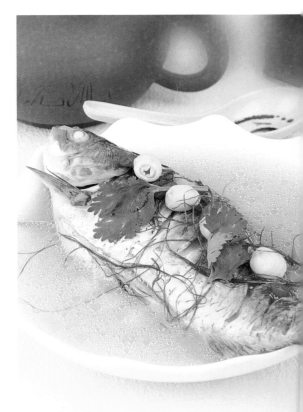

西红柿炖棒骨

原料

棒骨·······················300 克
西红柿·······················100 克
葱、盐、鸡精、白糖各适量

做法

❶ 将棒骨洗净，剁成块；西红柿洗净，切块；葱洗净，切末。
❷ 锅中倒少许油烧热，下西红柿略加煸炒，注适量水加热，放棒骨煮至熟。
❸ 加盐、鸡精和白糖调味，最后撒上葱末，即可出锅。

汤品解说

西红柿所含的番茄红素具有独特的抗氧化能力，能清除自由基、保护细胞，能有效预防前列腺癌。此汤适宜前列腺增生患者食用。

女贞子鸭汤

原料

鸭子·······················1 只
枸杞·······················15 克
熟地、山药·················各20 克
女贞子·······················30 克
牡丹皮、泽泻·················各10 克
盐适量

做法

❶ 将鸭子宰杀，去毛及内脏，洗净切块。
❷ 将枸杞、熟地、山药、女贞子、牡丹皮、泽泻均洗净，与鸭肉同放入锅中，加适量清水，煎煮至鸭肉熟烂，加盐调味即可。

汤品解说

女贞子具有补益肝肾、清热明目的功效；熟地可滋阴补血、益精填髓。本品对男性不育症有很好的改善作用。

虫草海马四宝汤

原料

新鲜大鲍鱼···································1 只
海马···································· 4 只
冬虫夏草···································· 2 克
光鸡···································· 500 克
猪瘦肉···································· 200 克
金华火腿···································· 30 克
盐、鸡精、浓缩鸡汁、味精各适量

做法

❶ 将鲍鱼去肠，洗净；海马用瓦煲焖好。
❷ 将光鸡斩件，猪瘦肉切大粒，金华火腿切小粒，将切好的材料氽水去杂质。
❸ 把所有原料装入炖盅炖4小时后，放入盐、鸡精、浓缩鸡汁、味精调味即可。

汤品解说

海马可补肾壮阳；冬虫夏草可补肾气；鲍鱼可滋阴益气。三者合用，对因肾虚所致的少精、精冷不育有很好的食疗效果。

板栗土鸡汤

原料

土鸡···································1 只
板栗···································· 200 克
红枣···································10 克
姜、盐、味精、鸡精各适量

做法

❶ 将土鸡宰杀去毛和内脏，洗净，切块备用；板栗剥壳，去皮备用；姜洗净切片。
❷ 锅上火，加入适量清水，烧沸，放入鸡块、板栗，滤去血水，备用。
❸ 将鸡块、板栗转入炖盅里，再放入姜片、红枣，置小火上炖熟，最后加盐、味精、鸡精调味即可。

汤品解说

本品营养丰富，对更年期的男性有很好的保健补益作用。

蒜香绿豆牛蛙汤

原料

牛蛙 ································· 5 只
绿豆 ································ 40 克
蒜 ································· 80 克
姜、米酒、盐各适量

做法

❶ 牛蛙宰杀洗净，汆烫，捞起备用；绿豆洗净，泡水；姜去皮切片。

❷ 将蒜去皮，用刀背拍一下；锅上火，加油烧热，再将蒜放入锅里炸至金黄色，待蒜味散出盛起备用。

❸ 另取一锅，注入热水，放入绿豆、牛蛙、姜片、蒜、米酒，以中火炖2小时，起锅前加盐调味即可。

汤品解说

蒜能调节血压、血脂、血糖，可预防心脑血管疾病；牛蛙高蛋白、低脂肪。此汤非常适合高血压、高脂血症及肥胖患者食用。

菊花枸杞绿豆汤

原料

干菊花 ····························· 6 克
枸杞 ······························15 克
绿豆 ····························· 30 克
蜂蜜适量

做法

❶ 将绿豆洗净，装入碗中，用温开水泡发。

❷ 将枸杞、菊花用冷水洗净。

❸ 瓦煲内放入约1 500毫升水烧沸，加入绿豆，以大火煮沸后改用中火煮约30分钟，菊花及枸杞在汤快煲好前放入即可关火，蜂蜜在汤低于60℃时加入。

汤品解说

菊花有疏散风热、平肝明目、清热解毒的功效；枸杞和绿豆均可清肝泻火、降低血压。此汤适合有高血压及动脉硬化的男性食用。

泽泻白术瘦肉汤

原料
猪瘦肉·································· 60 克
泽泻、白术·························· 各15 克
薏米·································· 50 克
盐、味精各适量

做法
❶ 将猪瘦肉洗净，切块；泽泻、白术、薏米均洗净，薏米泡发。
❷ 把猪瘦肉、泽泻、薏米、白术一起放入锅内，加适量清水，大火煮沸后转小火煲1~2小时，拣去泽泻，调入盐和味精即可。

汤品解说
泽泻具有利水、渗湿、泄热的功效；白术有健脾除湿的作用；猪瘦肉能补气健脾。三者同用，对脾虚小便不利有较好的食疗作用。

玉竹银耳枸杞汤

原料
玉竹·································10 克
枸杞·································· 20 克
银耳·································· 30 克
白糖适量

做法
❶ 将玉竹、枸杞分别洗净，备用；银耳洗净、泡发，撕成小片。
❷ 将玉竹、银耳、枸杞一起放入沸水锅中煮10分钟，调入白糖即可。

汤品解说
玉竹养阴润燥、除烦止渴；银耳补脾开胃、益气清肠；枸杞益气养血。此汤滋阴润燥、生津止渴，适合胃热炽盛型的糖尿病患者食用。

当归三七乌鸡汤

原料

乌鸡……………………………………… 250 克
当归……………………………………… 20 克
三七……………………………………… 8 克
盐、味精、生抽、蚝油各适量

做法

① 把当归、三七均用清水洗干净；用刀将三七砸碎。
② 用水把乌鸡洗干净，用刀斩成块，放入开水中煮5分钟，取出来过一遍冷水。
③ 把所有原料放入炖盅中，加水，以慢火炖3小时，加盐、味精、生抽、蚝油调味即可。

汤品解说

当归活血和血、润燥滑肠；三七能止血散淤、消肿止痛。此汤有行气止痛、止血去淤的功效，适合心血淤阻型冠心病患者食用。

鲜莲排骨汤

原料

新鲜莲子 ………………………………150 克
排骨……………………………………200 克
巴戟天…………………………………… 5 克
姜、盐、味精各适量

做法

① 将莲子泡发去心；排骨洗净，剁成小段；姜洗净，切成小片；巴戟天洗净，切成小段。
② 锅中加水烧沸，下排骨汆水后捞出。
③ 将排骨、莲子、巴戟天、姜片一同放入煲中，加适量清水，以大火烧沸后转小火炖45分钟，加盐、味精调味即可。

汤品解说

莲子养心安神、补脾止泻；排骨补脾润肠、补中益气；巴戟天补肾阳、壮筋骨。三者合用，对失眠多梦、身体虚弱者有一定的食疗作用。

冬瓜竹笋汤

原料

素肉 ·· 30 克

冬瓜 ·· 200 克

竹笋 ·· 100 克

香油、盐各适量

冬瓜：清热化痰、利尿消肿

做法

❶ 将素肉块放入清水中浸泡至软化，取出挤干水分备用。

❷ 将冬瓜洗净，切片；竹笋洗净，切段。

❸ 置锅于火上，加入清水，以大火煮沸，加入所有原料转小火煮沸，加入香油、盐，熟后关火即可。

汤品解说

竹笋具有滋阴凉血、和中润肠的功效，能够开胃健脾、宽肠利膈、消油腻、解酒毒、降低肠胃黏膜对脂肪的吸收与积蓄；冬瓜富含的丙醇二酸，能抑制糖类转化为脂肪。此汤对肥胖者有明显的食疗功效。

天麻地龙炖牛肉

原料

牛肉······················500克
天麻、地龙···················各10克
葱段、姜片、盐、胡椒粉、味精、酱油、料酒各适量

做法

① 牛肉洗净，切块，入锅加水烧沸，略煮捞出，牛肉汤待用。

② 将天麻、地龙洗净。

③ 将油锅烧热，加葱段、姜片煸香，加酱油、料酒和牛肉汤烧沸，加盐、胡椒粉、味精、牛肉、天麻、地龙同炖至肉烂，拣去葱段、姜片即可。

汤品解说

天麻能息风定惊，治疗头风眩晕、肢体麻木、语言蹇涩；牛肉能强肾健体。此汤有通络止痛的功效，适合偏头痛的患者食用。

天麻川芎鱼头汤

原料

鲢鱼头·····················半个
天麻、川芎···················各5克
枸杞、葱花、盐各适量

做法

① 将鲢鱼头洗净，斩块；天麻、川芎分别用清水洗净，浸泡备用。

② 锅洗净，置于火上，注入适量清水，下鲢鱼头、天麻、川芎、枸杞煲至熟，加盐调味，撒上葱花即可。

汤品解说

天麻可息风定惊；川芎可行气开郁、祛风燥湿、活血止痛。此汤有祛风通络、行气活血的功效，适合帕金森病、中风半身不遂者食用。

天麻红花猪脑汤

原料

天麻、山药……………………各10克

红花……………………………5克

枸杞……………………………6克

猪脑…………………………100克

米酒、盐各适量

红花：活血通经、散淤止痛

做法

❶ 将猪脑洗净，余去腥味；山药、天麻、红花、枸杞均洗净备用。

❷ 炖盅内加水，将除盐外的所有原料放入其中，煮至猪脑熟烂，加盐调味即可。

汤品解说

天麻能息风定惊；红花可活血通经、去淤止痛；猪脑能补骨髓、益虚劳、滋肾补脑。此汤具有益智补脑、活血化淤、平肝降压的功效，能改善头晕头痛、偏正头风、神经衰弱等症状，对脑梗患者有一定的食疗作用。

龙胆草当归煲牛腩

原料

牛腩……………………………………… 750 克
龙胆草、当归………………………………各20 克
冬笋……………………………………………150 克
猪骨汤………………………………… 1 000 毫升
蒜、姜、料酒、白糖、酱油、味精、香油各适量

做法

① 将牛腩洗净，下开水中煮20分钟捞出，切
成块；冬笋洗净切块；蒜、姜洗净切末。

② 锅置火上，油烧热，下蒜末、姜末、牛腩、
冬笋，加料酒、白糖、酱油翻炒10分钟。

③ 将猪骨汤倒入，加当归、龙胆草，用小火焖
2小时至肉烂汁黏时关火，味精调味，淋上
香油即成。

汤品解说

此汤能清泻肝火、活血化淤，对由肝火旺盛引
起的打鼾、呼吸气粗有一定效果。

鸡骨草煲猪肺

原料

猪肺…………………………………… 350 克
鸡骨草…………………………………… 30 克
红枣…………………………………… 8 颗
高汤、盐、味精各适量

做法

① 将猪肺洗净切片；鸡骨草、红枣分别洗净。

② 炒锅上火倒入水，下猪肺焯去血水；捞出冲
净备用。

③ 净锅上火，倒入高汤，再下猪肺、鸡骨草、
红枣，以大火煮沸后转小火煲至熟，加盐、
味精调味即可。

汤品解说

猪肺有止咳、止血的功效，对肺虚咳嗽、咯血
等症有较好的食疗作用。此汤品清热解毒、润
肺止咳，可辅助治疗慢性支气管炎。

黑豆莲枣猪蹄汤

原料

莲藕·····················200 克
猪蹄·····················150 克
黑豆、红枣、当归、姜、清汤、盐各适量

做法

❶ 将莲藕洗净，切成块；猪蹄洗净，斩块；黑豆、红枣洗净，浸泡20分钟备用；姜切片。

❷ 净锅上火倒入清汤，放入姜片、当归，调入盐烧沸，放入猪蹄、莲藕、黑豆、红枣煲至熟，即可食用。

黄豆猪蹄汤

原料

猪蹄·····················半只
黄豆·····················45 克
枸杞、盐各适量

做法

❶ 将猪蹄洗净，切块，余水；黄豆用温水浸泡40分钟，备用。

❷ 净锅上火倒入水，调入盐，放入猪蹄、黄豆、枸杞煲60分钟，即可食用。

百合绿豆凉薯汤

原料

百合、绿豆·················各200 克
凉薯·····················1 个
猪瘦肉、盐、味精、鸡精各适量

做法

❶ 将百合泡发；绿豆洗净；猪瘦肉洗净、切块。

❷ 将凉薯洗净，去皮，切成大块。

❸ 将所有备好的材料放入煲中，以大火煲开，再转小火煲15分钟，加入盐、味精、鸡精调味，即可食用。

绿豆薏米汤

原料

薏米、绿豆·······················各10 克
低脂奶粉··························25 克

做法

①先将绿豆和薏米洗净，浸泡大约2小时。
②砂锅洗净，将绿豆与薏米加入水中煮滚，待水煮沸后转小火，将绿豆煮至熟透，汤汁呈黏稠状。
③滤出绿豆、薏米中的水，加入低脂奶粉搅拌均匀后，再倒入绿豆、薏米中，即可食用。

参归山药猪腰汤

原料

猪腰·····························1 个
人参、当归·······················各10 克
山药块···························30 克
香油适量

做法

①将猪腰剖开，去除筋膜，冲洗干净，在背面用刀划斜纹，切片备用。
②人参、当归放入砂锅中，加清水煮沸。
③再加入猪腰片、山药块，略煮至熟后加香油即可。

木瓜车前草猪腰汤

原料

猪腰、木瓜·······················各250 克
车前草、茯苓·····················各10 克
醋、味精、盐各适量

做法

①将猪腰洗净，切片，焯水；车前草、茯苓洗净备用；木瓜洗净，去皮切块。
②净锅上火倒入少许油，加入适量水，调入盐、味精、醋，放入猪腰、木瓜、车前草、茯苓，以小火煲至熟即可。

半夏桔梗薏米汤

原料

半夏··············15 克

桔梗··············10 克

薏米··············50 克

冰糖适量

做法

1. 将半夏、桔梗用水略冲。
2. 将半夏、桔梗、薏米一起放入锅中，加水 1 000 毫升煮至薏米熟烂，最后加入冰糖调味即可。

汤品解说

半夏能燥湿化痰、降逆止呕、消痞散结，能治疗咳喘痰多、胸膈胀满；桔梗能开宣肺气、祛痰排脓，能治疗外感咳嗽、肺痈吐脓。二者搭配，具有燥湿化痰、理气止咳的功效。此汤适合痰湿蕴肺型的慢性支气管炎患者食用。

罗汉果瘦肉汤

原料

罗汉果······················1个
枇杷叶······················15 克
猪瘦肉·····················500 克
盐适量

做法

❶ 将罗汉果洗净，打成碎块。
❷ 枇杷叶洗净，浸泡30分钟；猪瘦肉洗净，切块。
❸ 将2 000毫升水煮沸后加入罗汉果、枇杷叶、猪瘦肉，以大火煲开后，改用小火煲3小时，加盐调味即可。

汤品解说

罗汉果能清肺润肠，治疗百日咳、痰火咳嗽；枇杷叶清肺和胃、降气化痰。此汤有清肺降气的功效，可辅助治疗肺炎、急性扁桃体炎。

柚子炖鸡

原料

柚子·······················1个
公鸡·······················1只
姜片、葱段、盐、味精、料酒各适量

做法

❶ 将公鸡去皮毛、内脏，洗净，斩块；柚子洗净，去皮，留肉。
❷ 将柚子肉、鸡肉放入砂锅中，加入葱段、姜片、料酒和适量水。
❸ 将盛鸡的砂锅置于有水的锅内，隔水炖熟，最后加盐和味精调味即可。

汤品解说

柚子能下气消食、化痰生津、降低血脂；鸡肉能温中益气、补精添髓、缓解鼻塞。此汤健胃下气、化痰止咳，适合慢性咽炎患者食用。

绿豆莲子牛蛙汤

原料

牛蛙·····················1 只
绿豆·····················150 克
莲子·····················20 克
高汤、盐各适量

做法

❶ 将牛蛙洗净，斩块，氽水。

❷ 将绿豆、莲子淘洗净，分别用温水浸泡50分钟备用。

❸ 净锅上火，倒入高汤，再放入牛蛙、绿豆、莲子煲至熟，加盐调味即可。

汤品解说

绿豆能滋补强壮、清热解毒、利水消肿；莲子能帮助人体代谢，维持酸碱平衡。二者同用，能降压消脂，对脂肪肝有一定的食疗作用。

冬瓜薏米瘦肉汤

原料

冬瓜·····················300 克
猪瘦肉·····················100 克
薏米·····················20 克
姜、盐、鸡精各适量

做法

❶ 猪瘦肉洗净，切块，氽水；冬瓜去皮，洗净，切块；薏米洗净，浸泡；姜洗净，切片。

❷ 将猪瘦肉入水氽去沫后捞出备用；将冬瓜、猪瘦肉、薏米、姜片放入炖锅中，加适量水置大火上，炖1.5小时。

❸ 调入盐和鸡精，转小火稍炖即可。

汤品解说

冬瓜具有清热利水、降压降脂的功效；薏米可利水消肿、健脾去湿。二者都可防止脂肪堆积，对脂肪肝患者有较好的食疗价值。

茵陈甘草蛤蜊汤

原料

茵陈……………………………………… 8 克
甘草……………………………………… 5 克
红枣……………………………………… 6 颗
蛤蜊…………………………………… 300 克
盐适量

做法

❶ 将蛤蜊冲洗干净，再用淡盐水浸泡，使其吐尽沙尘。

❷ 将茵陈、甘草、红枣分别洗净，以1 200毫升水熬成高汤，熬至约剩1 000毫升，去渣留汁。

❸ 将蛤蜊加入汤中煮至开口，加盐调味即成。

汤品解说

茵陈有利胆退黄、抗炎降压的功效；蛤蜊营养丰富，可保肝利尿。本汤品对乙肝、黄疸型肝炎有很好的食疗作用。

玉米须煲蚌肉

原料

玉米须………………………………… 50 克
蚌肉…………………………………… 150 克
姜、盐各适量

做法

❶ 将蚌肉洗净；姜洗净，切片；玉米须洗净。

❷ 将蚌肉、姜片和玉米须一同放入砂锅，加水，以小火炖煮1小时，加盐调味即可。

汤品解说

玉米须利尿泄热、平肝利胆；蚌肉清热滋阴、明目解毒。此汤可清热利胆、利水通淋，对慢性病毒性肝炎、小便不利等症有食疗作用。

白芍山药排骨汤

原料

白芍、白蒺藜······················ 各10 克
山药·································· 250 克
竹荪·································· 15 克
排骨······························· 1 000 克
香菇、盐各适量

做法

① 排骨剁块，放入开水中汆烫，捞起冲洗；山药洗净切块；香菇去蒂，洗净切片。

② 竹荪以清水泡发，去伞帽、杂质，沥干，切段；排骨盛入锅中，放入白芍、白蒺藜，加水炖30分钟。

③ 加入山药、香菇、竹荪续煮10分钟，最后加盐调味即成。

汤品解说

白芍能养血柔肝、缓中止痛、敛阴收汗；山药能补脾养胃、生津益肺、补肾涩精。此汤营养丰富，能养肝补血。

红豆炖鲫鱼

原料

红豆·································· 50 克
鲫鱼·································· 1 条
盐适量

做法

① 将鲫鱼处理干净，备用。

② 将红豆洗净，备用。

③ 鲫鱼和红豆放入锅内，加2 000～3 000毫升水清炖，炖至鱼熟烂，加盐调味即可。

汤品解说

红豆利水除湿、和血排脓、消肿解毒；鲫鱼温中健脾。此汤有健脾益气、解毒渗湿的功效，对小便排出不畅患者有较好的食疗作用。

竹香猪肚汤

原料

熟猪肚 …………………………………… 100 克
水发腐竹 ………………………………… 50 克
姜、盐、味精、香油各适量

做法

1️⃣ 将熟猪肚切成丝；水发腐竹洗净，切成丝备用；姜洗净切末。

2️⃣ 净锅上火倒入油，将姜末炝香，放入猪肚、水发腐竹煸炒，倒入水，调入盐、味精烧沸，淋入香油，即可食用。

莲子猪肚汤

原料

猪肚 ……………………………………… 1 个
莲子 ……………………………………… 100 克
姜、葱、盐、料酒、鸡精各适量

做法

1️⃣ 将猪肚洗净，用开水汆熟，切成两指宽的小段；葱洗净切末；姜洗净切片。

2️⃣ 将猪肚、莲子、姜片入锅，加入清水炖煮；汤沸后，加入料酒，大火改小火继续焖煮。

3️⃣ 焖煮1个小时左右，至猪肚熟烂，再加入盐、鸡精，撒上葱末即可。

胡萝卜炖牛肉

原料

酱牛肉 …………………………………… 250 克
胡萝卜 …………………………………… 100 克
葱花、盐、高汤各适量

做法

1️⃣ 将酱牛肉洗净，切块；胡萝卜去皮，洗净，切块备用。

2️⃣ 净锅上火倒入高汤，放入酱牛肉、胡萝卜煲至熟，加盐调味，撒上葱花，即可食用。

薄荷水鸭汤

原料

水鸭······················· 400 克
薄荷······················· 100 克
姜、盐、味精、鸡精、胡椒粉各适量

做法

① 将水鸭洗净，切成小块；薄荷洗净，摘取嫩叶；姜洗净切片。

② 锅中加水烧沸，下鸭块焯去血水，捞出。

③ 净锅加油烧热，放入姜片、鸭块炒干水分，加入适量清水，倒入煲中煲30分钟，再放入薄荷叶及其他原料调匀，即可食用。

汤品解说

鸭肉具有大补虚劳、利水消肿、养胃滋阴、清肺解热的功效。本品可疏散风热、补虚清肺，适合外感风热、头痛目赤、咽喉肿痛、肾炎水肿、小便不利者食用。

冬瓜薏米煲老鸭

原料

红枣、薏米··················· 各10 克
冬瓜······················· 200 克
鸭························· 1 只
姜、盐、鸡精、胡椒粉、香油各适量

做法

① 冬瓜洗净，切块；鸭洗净，剁件；姜洗净，去皮，切片；红枣、薏米均洗净。

② 锅上火，油烧热，爆香姜片，加入清水烧沸，下鸭汆烫后捞起。

③ 将鸭转入砂钵内，放入红枣、薏米烧沸后，放入冬瓜煲至熟，加盐、鸡精、胡椒粉调味，淋上香油即可食用。

汤品解说

本品能清热祛湿、利水消肿，适合心烦气躁、口干烦渴、小便不利者食用。

金银花水鸭汤

原料

水鸭······························ 350 克
金银花、姜、枸杞··················各20 克
盐、鸡精各适量

做法

❶ 将水鸭去毛、内脏，洗净斩件；将金银花洗
净，浸泡；姜洗净切片；枸杞洗净浸泡。

❷ 锅中注水，烧沸，放入鸭肉、姜片和枸杞，
以小火慢炖。

❸ 1小时后放入金银花，再炖1小时，调入盐和
鸡精即可。

汤品解说

金银花清热解毒；鸭肉养胃滋阴、清肺解热、
大补虚劳、利水消肿。二者合用，能清热解
毒、利水消肿，对痔疮有一定的防治功效。

苋菜头猪大肠汤

原料

猪大肠······························ 200 克
苋菜头······························100 克
枸杞、姜、盐各适量

做法

❶ 将猪大肠洗净，切段；苋菜头、枸杞分别洗
净；姜洗净切片。

❷ 锅中注水烧沸，下猪大肠氽透。

❸ 将猪大肠、姜片、枸杞、苋菜头一起放入炖
盅内，注入清水，以大火烧沸后再用小火煲
2.5小时，加盐调味即可。

汤品解说

苋菜清热利湿、凉血止血止痢；猪大肠清热止
痢。二者合用，能辅助治疗下痢脓血，适合急
慢性肠炎患者、痢疾患者、大便秘结者食用。

芡实红枣生鱼汤

原料

生鱼 ···································· 200 克
芡实 ······································ 20 克
红枣 ······································· 3 颗
山药、枸杞、姜、盐、胡椒粉各适量

芡实：益肾固精、健脾止泻

做法

① 生鱼去鳞和内脏，洗净，切段后放入开水中稍烫；山药洗净浮尘；姜切片。

② 枸杞、芡实、红枣均洗净浸软。

③ 锅置火上，倒入适量清水，放入生鱼、姜片煮沸，加入山药、枸杞、芡实、红枣煲至熟，最后加入盐、胡椒粉调味即可。

汤品解说

鱼肉可补体虚、健脾胃；芡实有益肾固精、补脾止泄的功效，可治遗精、小便不禁、大便泄泻等症；红枣能益气补血、健脾和胃，对乏力便溏有疗效。几者同食，对慢性肠炎患者有较好的食疗效果。

女人调理养颜汤

现代女性工作繁忙、生活压力大、精神紧张、缺乏锻炼，容易产生免疫力下降、内分泌紊乱、毒素积存等多种问题。本章介绍的这些汤品充分结合了传统医药学、养生学和现代营养学，是女性调养身体必不可少的良方。其形为食品，性则为药品，可达到药物治疗和食物调养的双重功效。

黑豆猪皮汤

原料

猪皮 …………………………………… 200 克
黑豆 …………………………………… 50 克
红枣 …………………………………… 10 颗
盐、鸡精各适量

做法

❶ 将猪皮刮干净，入开水中汆烫，待冷却后切块。
❷ 将黑豆、红枣分别洗净，泡发30分钟，放入砂锅，加适量水煲至豆烂，再加猪皮煲30分钟，至猪皮软化，加入盐和鸡精拌匀即可。

汤品解说

黑豆养血润肺，猪皮滋阴补虚，红枣调理气血，三者都具有养血益气、促进血液循环、畅通气血的功效，对改善面色萎黄有一定的帮助，适合女性食用。

玫瑰枸杞汤

原料

玫瑰花瓣 …………………………………… 20 克
玫瑰露酒 …………………………………… 50 毫升
醪糟 …………………………………… 1 瓶
枸杞、杏脯、葡萄干 ……………………… 各10 克
白糖、醋、淀粉各适量

做法

❶ 将新鲜的玫瑰花瓣洗净，切丝备用。
❷ 锅中加水烧沸，放入白糖、醋、醪糟、枸杞、杏脯、葡萄干，再倒入玫瑰露酒，煮沸后转小火继续煮；最后用少许淀粉勾芡拌匀，撒上玫瑰花丝即成。

汤品解说

枸杞具有滋肾润肺的功效；玫瑰能利气、行血；葡萄干可润肺养血；杏脯具有健脾的功效。此汤适合女性面色萎黄者食用。

党参麦冬瘦肉汤

原料
猪瘦肉·································· 300 克
党参··································15 克
麦冬··································10 克
山药、姜、盐、鸡精各适量

做法
❶ 将猪瘦肉洗净后切成小块；将党参、麦冬分别用清水洗净；山药和姜去皮、切片。
❷ 将猪瘦肉入开水中氽去血污，洗净后沥干水分，备用。
❸ 在锅内注水烧沸，放入猪瘦肉、党参、麦冬、山药、姜片，以小火炖至熟烂，加入盐和鸡精调味即可食用。

汤品解说
党参具有补中益气、止渴、健脾益肺、养血生津的功效；麦冬可养阴生津、润肺清心。此汤具有益气滋阴、健脾和胃的功效，适合气虚体质的女性食用。

黄芪蔬菜汤

原料
西蓝花·································· 300 克
西红柿·································· 200 克
香菇、黄芪·································· 各15 克
盐适量

做法
❶ 将西蓝花切小朵，剥除梗子的硬皮，洗净；将西红柿洗净，在外表轻划数刀，入开水中氽烫至皮卷起，捞起剥皮切块；香菇洗净，对切。
❷ 将黄芪加适量水煮沸，转小火煮10分钟，再加入西红柿和香菇续煮15分钟；最后加入西蓝花，转大火煮沸，加盐调味即可。

汤品解说
此汤具有益气补虚、均衡营养的功效，适合气虚体质的女性食用。

当归桂圆鸡汤

原料

鸡肉·······················200 克
桂圆肉·······················20 克
当归························5 克
葱段、姜片、盐各适量

做法

❶ 将鸡肉洗净，切成小块；桂圆肉洗净备用；当归洗净备用。

❷ 汤锅上火，加入适量清水，调入盐、葱段和姜片，下鸡肉、桂圆肉、当归，以大火将其煲至熟烂即可食用。

五灵脂红花炖鱿鱼

原料

鱿鱼·······················200 克
五灵脂·······················9 克
红花························6 克
葱、姜、盐、料酒各适量

做法

❶ 将鱿鱼洗净，切块；姜洗净切片；葱洗净切段；五灵脂、红花均洗净，备用。

❷ 把鱿鱼放在蒸盆内，加入料酒，再放入盐、姜片、葱段以及五灵脂和红花，注入清水；将蒸盆置蒸笼内，用大火蒸35分钟即可。

川芎当归黄鳝汤

原料

黄鳝·······················200 克
川芎、当归·······················各10 克
桂枝、红枣、盐适量

做法

❶ 将黄鳝剖开去除内脏，洗净，入开水锅内稍煮，捞起过冷水，刮去黏液，切长段；川芎、当归、桂枝洗净；红枣洗净，浸软去核。

❷ 将以上原料放入砂锅，加适量清水，以大火煮沸后改小火煲2小时，加盐调味即可。

冬瓜瑶柱汤

原料

冬瓜 ·· 200 克
瑶柱 ·· 20 克
草菇 ·· 10 克
虾 ·· 30 克
姜、高汤、盐、鸡精各适量

做法

❶ 将冬瓜去皮，洗净，切片；瑶柱洗净，泡发，备用；草菇洗净，对切；虾剥去壳，挑去泥肠，洗净；姜去皮，切片。

❷ 锅置于火上，放入姜片爆香，下高汤、冬瓜、瑶柱、虾、草菇煮熟，加盐、鸡精调味即可食用。

汤品解说

冬瓜利水消痰、除烦止渴、祛湿解暑；瑶柱滋阴、养血、补肾。二者与草菇、虾合用，更有滋阴补血、利水祛湿的功效。

生姜肉桂炖猪肚

原料

猪肚 ·· 150 克
猪瘦肉 ·· 50 克
肉桂 ·· 5 克
薏米 ·· 25 克
姜、盐各适量

做法

❶ 将猪肚里外反复洗净，汆水后切成长条；猪瘦肉洗净后切成块。

❷ 姜去皮，洗净，用刀拍烂；肉桂浸透洗净，刮去粗皮；薏米淘洗干净。

❸ 将以上原料放入炖盅，加适量清水，隔水炖2小时，加盐调味即可。

汤品解说

此汤可促进血液循环、强化胃功能，对畏寒肢冷的女性有较好的食疗作用。

吴茱萸板栗羊肉汤

原料

枸杞……………………………… 20 克
羊肉……………………………150 克
板栗……………………………… 30 克
吴茱萸、桂枝……………………各10 克
盐适量

吴茱萸：散寒止痛、降逆止呕

做法

❶ 将羊肉洗净，切块；板栗去壳，洗净，切块；枸杞洗净，备用。

❷ 将吴茱萸、桂枝洗净，煎取药汁备用。

❸ 锅内加适量水，放入羊肉块、板栗块、枸杞，以大火烧沸，再改用小火煮20分钟，倒入药汁，续煮10分钟，加盐调味即可。

汤品解说

羊肉补血益气、温中暖肾；吴茱萸、桂枝均有暖宫散寒、温经活血的作用；板栗、枸杞被认为是滋阴补肾的佳品。几者配伍同用，不但营养丰富，而且能有效改善女性畏寒怕冷、四肢冰冷的症状。

三味羊肉汤

原料

羊肉⋯⋯⋯⋯⋯⋯⋯⋯⋯⋯⋯⋯⋯⋯ 250 克
熟附子⋯⋯⋯⋯⋯⋯⋯⋯⋯⋯⋯⋯⋯⋯ 30 克
杜仲⋯⋯⋯⋯⋯⋯⋯⋯⋯⋯⋯⋯⋯⋯⋯ 25 克
熟地⋯⋯⋯⋯⋯⋯⋯⋯⋯⋯⋯⋯⋯⋯⋯15 克
姜、盐各适量

做法

1 将羊肉洗净切块，备用；姜洗净切片。
2 将熟附子、杜仲和熟地放入棉布包扎好。
3 将羊肉、姜片、药材包一起放入锅中，加适量水以没过材料。
4 以大火煮沸后，改小火慢炖至熟烂，起锅前捞去药材包，加盐即可。

汤品解说

羊肉性热、暖中补虚、补中益气；熟附子温经逐寒；杜仲、熟地可理气养血、补肝肾。此汤有温补阳气的功效，能驱除寒气、保持体温。

肉桂煲虾丸

原料

虾丸⋯⋯⋯⋯⋯⋯⋯⋯⋯⋯⋯⋯⋯⋯150 克
猪瘦肉、肉桂⋯⋯⋯⋯⋯⋯⋯⋯⋯各5 克
薏米⋯⋯⋯⋯⋯⋯⋯⋯⋯⋯⋯⋯⋯ 25 克
熟油、姜、盐、味精各适量

做法

1 虾丸对切；猪瘦肉洗净切块；姜洗净拍烂；肉桂洗净；薏米淘净。
2 将上述材料放入炖煲，待水沸后，先用中火炖1小时，再改小火炖1小时，最后加熟油、盐、味精调味即可。

汤品解说

虾丸和猪瘦肉都有补虚强身、增强人体免疫力的作用；肉桂养血；薏米健脾补肺。此汤可活络气血，添温祛寒，增强体质。

鲜人参煲乳鸽

原料

乳鸽……………………………………1只
鲜人参………………………………30 克
红枣………………………………10 颗
姜、盐、味精各适量

做法

❶ 乳鸽去毛和内脏，洗净余水；人参洗净；红枣洗净去核；姜洗净去皮，切片。
❷ 将乳鸽、人参、红枣、姜片同装入煲，加水适量，用大火炖2小时，最后加盐和味精调味即可。

汤品解说

乳鸽能补肾益精；人参是药材上品，有"补五脏"的功效，能固本补虚；红枣可补脾益气。几者配伍，有调理女性生理功能的功效。

黄精海参炖乳鸽

原料

乳鸽……………………………………1只
枸杞、黄精、海参、盐各适量

做法

❶ 乳鸽去毛和内脏，洗净余水；黄精、海参洗净泡发；枸杞洗净。
❷ 将所有材料放入瓦煲，加水，以大火煮沸，改小火煲2.5小时，加盐调味即可。

汤品解说

乳鸽、枸杞、黄精和海参都具有补肾益精的作用，几者配伍功效更明显。此汤可治肾虚、益精髓，适宜因肾虚而致性欲减退的女性食用。

肉苁蓉莲子羊骨汤

原料

羊骨·······················400 克
肉苁蓉、莲子················各20 克
盐、鸡精各适量

做法

❶ 将羊骨洗净，斩块余水；肉苁蓉洗净，切
块；莲子洗净，去心。

❷ 将羊骨、肉苁蓉、莲子放入炖盅；锅中注
水，烧沸后放入炖盅以小火炖2小时，调入
盐和鸡精即可食用。

白术茯苓牛蛙汤

原料

白术、茯苓·····················各10 克
牛蛙·······················200 克
芡实、白扁豆、盐各适量

做法

❶ 将白术、茯苓洗净，煎水，去渣留汁。

❷ 牛蛙宰洗干净，去皮斩块，备用；芡实、白
扁豆均洗净。

❸ 将芡实和白扁豆放入砂锅内，以大火煮沸后
转小火炖煮20分钟，再将牛蛙放入锅中炖
煮；加入盐与药汁，一同煲至熟烂即可。

茯苓绿豆老鸭汤

原料

老鸭·······················500 克
土茯苓·······················20 克
绿豆、陈皮、盐各适量

做法

❶ 将老鸭洗净，斩件；土茯苓、绿豆和陈皮用
清水浸透，洗净备用。

❷ 瓦煲内加入适量清水，以大火烧沸，放入土
茯苓、绿豆、陈皮和老鸭，待水再开，改小
火继续煲3小时，加盐调味即可。

鲫鱼枸杞汤

原料

鲫鱼·······················450 克

枸杞························20 克

姜丝、香菜段、盐、香油、料酒各适量

做法

❶ 将鲫鱼去鳞、去内脏，处理干净，用适量姜丝、盐、料酒腌渍入味，装盘。

❷ 将枸杞洗净、泡发后均匀地撒在鲫鱼身上，将盘放入锅内，上火隔水蒸至熟，撒上适量香菜段，淋上香油即可食用。

银杏莲子乌鸡汤

原料

银杏、莲子·················各40 克

乌鸡腿·····················1 个

盐适量

做法

❶ 将乌鸡腿洗净，剁块，氽烫后捞出冲净；莲子洗净。

❷ 将乌鸡腿放入锅中，加水至没过材料，以大火煮沸，转小火煮20分钟。

❸ 加入莲子、银杏，续煮30分钟，最后加盐调味即可。

莲子茯神猪心汤

原料

猪心······················1 个

莲子······················200 克

茯神······················25 克

葱段、盐各适量

做法

❶ 将猪心洗净，氽去血水。

❷ 将莲子、茯神洗净后入锅，注水烧沸。

❸ 把猪心、莲子、茯神放入炖盅，注入清水，以小火煲煮2小时，加盐、撒上葱段即可。

海螵蛸鱿鱼汤

原料

鱿鱼……………………………………100 克
补骨脂…………………………………… 30 克
桑螵蛸、红枣…………………………各10 克
海螵蛸…………………………………… 50 克
葱花、姜丝、盐、味精各适量

做法

❶ 将鱿鱼泡发，洗净切卷；海螵蛸、桑螵蛸、补骨脂、红枣洗净。
❷ 将海螵蛸、桑螵蛸、补骨脂水煎取汁。
❸ 锅中放入鱿鱼、红枣、药汁，同煮至鱿鱼熟后，加盐、味精、葱花、姜丝调味即可。

汤品解说

鱿鱼与红枣均有养胃补虚的功效；补骨脂、桑螵蛸、海螵蛸皆可温肾止泻。几者搭配食用，能强健肾脏功能，减少排尿次数。

桑螵蛸红枣鸡汤

原料

鸡腿………………………………………1 只
桑螵蛸……………………………………10 克
红枣……………………………………… 8 颗
鸡肉……………………………………… 5 克
盐适量

做法

❶ 将鸡腿剁块，洗净，氽去血水；桑螵蛸、红枣洗净备用。
❷ 将鸡肉、桑螵蛸、红枣、鸡腿一同装入锅，加1 000毫升水，用大火煮沸，再改小火炖2小时，最后加盐调味即可。

汤品解说

桑螵蛸可补肾益血；鸡腿和红枣都具有强身健体的功效。此汤能增强体质、提高免疫力，对女性夜尿频者有一定的食疗作用。

胡萝卜荸荠煮鸡腰

原料

胡萝卜、荸荠·······················各100 克

鸡腰··································150 克

山药、枸杞、茯苓、黄芪···············各10 克

姜、盐、料酒、味精各适量

做法

❶ 胡萝卜、荸荠均洗净，胡萝卜去皮切菱形，荸荠去皮；山药、枸杞、茯苓、黄芪均洗净；鸡腰处理干净；姜洗净切片。

❷ 将胡萝卜、荸荠下锅焯水；鸡腰加料酒、少量盐和味精腌渍后下锅汆水。

❸ 将所有材料放入锅中，加适量清水，以大火烧沸后转小火煲熟，加盐、味精调味即可。

汤品解说

鸡腰补肾益气；胡萝卜、荸荠、枸杞皆有明目的功效；山药、黄芪、茯苓可治肾虚。故本品有补肾明目的功效，适宜因肾虚而致眼眶发黑者食用。

枸杞叶猪肝汤

原料

猪肝··································· 200 克

枸杞叶·······························10 克

黄芪、沙参·····························各5 克

姜、盐各适量

做法

❶ 猪肝洗净，切成薄片；枸杞叶洗净；沙参、黄芪润透，切段；姜洗净切片。

❷ 将沙参、黄芪加水熬成药汁。

❸ 在药汁中下入猪肝片、枸杞叶和姜片，煮5分钟后调入盐即可。

汤品解说

猪肝具有补肝明目、滋阴养血的功效；枸杞叶能养血明目；黄芪治肾虚；沙参可滋阴、养肝气。诸药配伍同食，具有补肝明目的功效，适宜眼眶发黑者食用。

猪肠核桃汤

原料

猪大肠·······················200 克
核桃仁························60 克
熟地····························30 克
红枣·····························10 颗
姜丝、葱末、盐、料酒各适量

核桃仁：补肾温肺、润肠通便

做法

❶ 将猪大肠洗净，入开水中汆2~3分钟，捞出切块；核桃仁捣碎。

❷ 红枣洗净，备用；熟地用干净纱布包好。

❸ 锅内加水适量，放入猪大肠、核桃仁、药袋、红枣、姜丝、葱末、料酒，以大火烧沸，改用小火煮40~50分钟，捡出药袋，调入盐即可。

汤品解说

猪大肠有润肠补虚的功效；核桃仁能润肠通便；熟地可补血养阴、填精益髓；大枣益气养血。四者配伍，能够润燥通肠，此汤对因脾肾亏虚而引起的便秘有较好的食疗效果。

茯苓双瓜汤

原料

茯苓 ·· 30 克
薏米 ·· 20 克
西瓜、冬瓜 ······································· 各500 克
红枣 ·· 5 颗
盐适量

做法

❶ 将西瓜、冬瓜洗净，切块；茯苓、薏米、红枣洗净。
❷ 往瓦煲内加2 000毫升清水，煮沸后加入茯苓、薏米、西瓜、冬瓜、红枣，以大火煲开后改小火煲3小时，调入盐即可。

汤品解说

茯苓、薏米均有健脾利湿的功效；西瓜、冬瓜热量低，可清热消烦。此汤能有效抑制肥胖发展，适宜女性肥胖症患者饮服。

黑木耳红枣猪蹄汤

原料

黑木耳 ·· 20 克
红枣 ·· 15 颗
猪蹄 ·· 300 克
盐适量

做法

❶ 黑木耳洗净浸泡；红枣去核，洗净；猪蹄去净毛，斩块，洗净后汆水。
❷ 锅置火上，将猪蹄干爆5分钟。
❸ 将清水2 000毫升放入瓦煲内，煮沸后加入以上原料，以大火煲开后改小火煲3小时，加盐调味即可。

汤品解说

猪蹄富含胶原蛋白，可丰胸；黑木耳、红枣能益气补血、抗癌美容。三者搭配有助于增强乳房的弹性和韧性，可有效防止乳房下垂。

木瓜煲猪蹄

原料

猪蹄 ·· 350 克
木瓜 ·· 1 个
姜、盐、味精各适量

做法

❶ 将木瓜剖开，去子、去皮，切成小块；姜洗净，切片。

❷ 将猪蹄去毛，洗净，斩成小块；再放入开水中汆去血水。

❸ 将猪蹄、木瓜、姜片装入煲内，加适量清水煲至熟烂，加入盐、味精调味即可。

银耳木瓜鲫鱼汤

原料

银耳 ·· 20 克
木瓜、鲫鱼 ······························· 各500 克
姜片、盐各适量

做法

❶ 银耳浸泡，去除根蒂硬结部分，撕成小朵，洗净；木瓜去皮、去子，切块。

❷ 鲫鱼处理好并洗净；油锅下姜片，将鲫鱼两面煎至金黄色。

❸ 将瓦煲内注入适量水，煮沸后加入所有原料，以大火煲20分钟，加盐调味即可。

猪蹄鸡爪冬瓜汤

原料

猪蹄、鸡爪 ······························· 各250 克
木香、冬瓜、花生、姜、盐、鸡精各适量

做法

❶ 猪蹄洗净，斩块，汆水；鸡爪洗净；冬瓜去皮、瓤，洗净切块；花生洗净；姜洗净切片；木香洗净，煎汁备用。

❷ 将猪蹄、鸡爪、姜片、花生放入炖盅，注入清水，以大火烧沸，放入冬瓜、药汁，改小火炖煮2小时，加盐、鸡精调味即可。

阿胶鸡蛋汤

原料

阿胶·····································9 克
鸡蛋·····································3 个
枸杞、盐各适量

做法

❶ 将鸡蛋煮熟，去壳。
❷ 锅中注入适量清水，放入阿胶煮至熔化。
❸ 放入煮熟的鸡蛋和枸杞，稍煮，加盐调味，
　 即可食用。

汤品解说

阿胶是补虚佳品，能补血滋阴；鸡蛋可滋阴益
气。此汤可用于血虚所致的乳房发育不良，还
可改善面色苍白、月经不调等症。

杜仲寄生鸡汤

原料

炒杜仲·····································50 克
桑寄生·····································25 克
鸡腿·····································1 只
盐适量

做法

❶ 将鸡腿剁成块，洗净，在开水中氽烫，去除
　 血水，备用。
❷ 将炒杜仲、桑寄生、鸡块一起放入锅中，加
　 水至没过所有的材料。
❸ 先用大火煮沸，然后转为小火续煮25分钟左
　 右，快要熟时加入盐调味即可。

汤品解说

杜仲补肝肾、调冲任、固经安胎；桑寄生可补
肾安胎。两者配伍同用，对肝肾亏虚、下元虚
冷引起的妊娠下血、先兆流产均有疗效。

阿胶牛肉汤

原料

阿胶粉……………………………………15 克
牛肉………………………………………100 克
米酒、姜、红糖各适量

阿胶：补血止血、调经安胎

做法

❶ 将牛肉洗净，去筋切片；姜洗净切片。

❷ 将牛肉片与姜片、米酒一起放入砂锅，加适量水，用小火煮30分钟。

❸ 再加入阿胶粉，并不停地搅拌，至阿胶粉熔化后加入红糖，搅拌均匀即可。

汤品解说

阿胶甘平，能补血止血、调经安胎。牛肉补脾生血，与阿胶配伍，温中补血的效果更佳；与姜、米酒同食，能增加健脾和胃、理气安胎的功效。此汤对由气血亏虚引起的胎动不安、胎漏下血有很好的食疗效果。

莲子芡实瘦肉汤

原料

猪瘦肉……………………………………100 克

芡实、莲子、盐各适量

做法

❶ 将猪瘦肉洗净，剁成块；芡实洗净；莲子去皮、去心，洗净。

❷ 锅中注入清水烧沸，将猪肉的血水滚尽，捞起洗净。

❸ 把猪瘦肉、芡实、莲子一起放入炖盅，注入适量清水，以大火烧沸，改小火煲煮2小时，加盐调味即可。

汤品解说

芡实固肾健脾、稳固胎象；莲子补脾止泻、滋补元气；猪瘦肉补气养血。此汤对由气血亏虚引起的习惯性流产、妊娠腹泻等症有较好的食疗效果。

艾叶煮鹌鹑

原料

艾叶………………………………… 30 克

菟丝子………………………………15 克

鹌鹑………………………………… 2 只

盐、味精、料酒、香油各适量

做法

❶ 将鹌鹑洗净，斩件；艾叶、菟丝子分别洗净。

❷ 砂锅中注入清水2 000毫升，放入艾叶、菟丝子和鹌鹑。

❸ 烧沸后，捞去浮沫，加入料酒和盐，以小火炖至熟烂，下味精、淋香油即可。

汤品解说

艾叶散寒止痛、温经止血、暖宫安胎；菟丝子补肾温阳、理气安胎；鹌鹑能益气补虚。此汤可用于小腹冷痛、滑胎下血、宫冷不孕等症。

菟丝子煲鹌鹑蛋

原料

菟丝子 …………………………………………… 9 克
红枣、枸杞 …………………………………… 各12 克
熟鹌鹑蛋 ……………………………………… 400 克
姜片、盐各适量

做法

❶ 菟丝子洗净，装入小布袋中，扎紧口；红枣及枸杞均洗净；熟鹌鹑蛋去壳。

❷ 将红枣、枸杞及装有菟丝子的小布袋放入锅内，加入适量水。

❸ 再加入鹌鹑蛋和姜片，煮沸，改小火继续煮约60分钟，捡去布袋，加入盐调味即可。

汤品解说

鹌鹑蛋强壮筋骨、补气安胎；红枣养血益气；枸杞滋补肝肾。三者配伍，对体质虚弱、气血不足的习惯性流产患者有很大的补益作用。

木瓜炖猪肚

原料

木瓜、猪肚 ……………………………… 各1 个
清汤、姜、盐、胡椒粉、淀粉各适量

做法

❶ 木瓜去皮、去子，洗净切块；猪肚用盐、淀粉稍腌，洗净切条；姜去皮，洗净切片。

❷ 锅上火，姜片爆香，加适量水烧沸，放入猪肚、木瓜，焯烫片刻，捞出沥干水。

❸ 将猪肚转入锅中，倒入清汤、姜片，以大火炖约30分钟，再下木瓜炖20分钟，下盐、胡椒粉调味即可。

汤品解说

木瓜具有滋阴益胃的功效，猪肚可补气健脾，姜可温胃散寒。以上几味搭配炖汤食用，对由脾胃气虚引起的妊娠呕吐有一定的食疗作用。

参芪猪肝汤

原料

党参、黄芪 ····················· 各10 克
猪肝 ······························· 300 克
枸杞、盐各适量

做法

❶ 将猪肝洗净，切片。

❷ 将党参、黄芪放入煮锅，加适量的水，以大火煮沸，转小火熬汤。

❸ 熬约20分钟，转中火，放入枸杞煮约3分钟，放入猪肝，待水沸腾，加盐调味即成。

汤品解说

猪肝具有补肝明目、滋阴养血的功效；黄芪可补肾补虚、益气固表；党参能补中益气；枸杞能滋肾明目。搭配同食，有助于褪去黑眼圈。

红豆煲乳鸽

原料

乳鸽 ····························· 1 只
红豆 ····························· 100 克
胡萝卜 ·························· 50 克
姜、盐、胡椒粉各适量

做法

❶ 乳鸽去毛、去内脏洗净，焯烫；红豆洗净，泡发；胡萝卜和姜均去皮洗净，切片。

❷ 锅上火，加适量清水，放入姜片、红豆、乳鸽、胡萝卜片，以大火烧沸后转小火煲约2小时；起锅前调入盐、胡椒粉即可。

汤品解说

红豆清热解毒、利水消肿；胡萝卜健脾行气；乳鸽益气补血、滋阴补肾。三者合用，对肾虚型妊娠肿胀有一定的食疗作用。

鲜车前草猪肚汤

原料

鲜车前草 ································· 30 克
猪肚 ······························· 130 克
薏米、红豆 ······················ 各20 克
红枣 ································· 3 颗
盐、生粉各适量

做法

❶ 鲜车前草、薏米、红豆洗净；猪肚外翻，用盐、生粉反复搓擦，清水冲净。

❷ 锅中注水烧沸，加入猪肚氽至收缩状，捞出切片。

❸ 将砂煲内注入清水，煮沸后加入所有食材，以小火煲2.5小时，加盐调味即可。

汤品解说

车前草利尿通淋、消除水肿；猪肚健脾补虚；薏米、红豆均健脾利水、清热解毒。此汤对脾虚湿盛型妊娠水肿患者有很好的食疗效果。

百合红豆甜汤

原料

红豆 ······························ 100 克
百合 ······························· 12 克
红糖适量

做法

❶ 将红豆淘净，放入碗中，浸泡3小时。

❷ 红豆放入锅中，加适量水煮沸，转小火煮至半开状。

❸ 将百合剥瓣，修葺花瓣边的老硬部分，洗净，加入锅中续煮至汤变黏稠为止；加红糖调味，搅拌均匀即可。

汤品解说

红豆有润肠通便、调节血糖、解毒抗癌、健美减肥的作用；百合滋阴益胃、养心安神、降压降脂。两者配伍有降低血压的功效。

杜仲炖排骨

原料

杜仲·······················12 克
排骨·······················250 克
红枣、枸杞、米酒、盐各适量

杜仲：补肝肾、强筋骨、安胎

做法

❶ 将排骨斩块，入水汆烫除去血丝和腥味，备用。

❷ 将杜仲、红枣、枸杞洗净；枸杞和红枣分别泡发备用。

❸ 锅置火上，倒入适量清水，将所有原料一起放入砂锅中，炖熬25分钟左右，待汤水快收干时，熄火即可。

汤品解说

杜仲有补肝肾、强筋骨、安胎等作用，可治腰脊酸疼、胎漏欲堕、胎动不安等症；排骨具有滋阴壮阳、益精补血的功效。此汤能安胎、降压，适宜妊娠高血压患者食用。

熟地鸡腿冬瓜汤

原料

熟地·····························50 克
鸡腿·····························300 克
冬瓜····························100 克
姜、葱、盐、鸡精、胡椒粉各适量

做法

❶ 熟地洗净；鸡腿洗净切块；冬瓜洗净切片；
葱洗净切段；姜洗净切片。

❷ 烧油锅，炒香姜片、葱段，放适量清水，以
大火煮沸，放入鸡腿焯烫，滤除血水。

❸ 砂煲上火，放入鸡腿、熟地、冬瓜，以小
火炖约40分钟，加盐、鸡精、胡椒粉调味
即可。

汤品解说

熟地甘温质润，能补阴益精生血，是养血补虚
之佳品，配伍鸡腿食用，可补肾养血，对由肾
虚、血虚引起的产后血晕均有疗效。

红枣枸杞鸡汤

原料

枸杞、红枣·····················各30 克
党参··························· 3 根
鸡肉·····························300 克
姜片、葱段、盐、香油、生抽、料酒、鸡精、
胡椒粉各适量

做法

❶ 将鸡洗净后剁成块状；红枣、枸杞、党参洗
净，备用。

❷ 将姜片、葱段及以上原料入水炖煮，加入
盐、生抽、胡椒粉、料酒煮约10分钟；转小
火炖稍许，撒上鸡精，淋上香油即可。

汤品解说

红枣可补中益气、养血安神；枸杞可滋补肝
肾；鸡肉可强身健体、补虚。三者合用，适宜
血虚气脱型产后血晕患者食用。

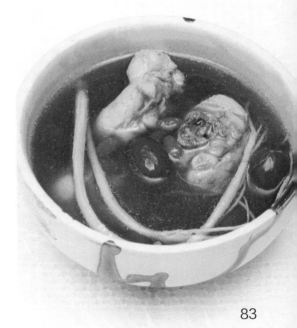

灵芝核桃枸杞汤

原料

灵芝·······························30 克
核桃仁····························50 克
红枣······························5 颗
枸杞······························10 克
冰糖、葱段各适量

做法

❶ 灵芝切小块；核桃仁用水泡发，撕去黑皮；枸杞泡发。

❷ 煲中放水，下灵芝、核桃仁、枸杞、红枣，盖上盖煲40分钟。

❸ 将火调小，下冰糖、葱段调味，待冰糖溶化即可食用。

汤品解说

灵芝可宁心安神、补益五脏；核桃仁可补血养气、补肾填精；枸杞可滋补肝肾。此汤适宜产妇在产后血晕恢复期食用。

丹参三七炖鸡

原料

乌鸡·······························1 只
丹参······························30 克
三七······························10 克
姜丝、盐各适量

做法

❶ 乌鸡洗净切块；丹参、三七洗净。

❷ 将三七、丹参装纱布袋中，扎紧口。

❸ 将药袋与鸡同放于砂锅中，加清水适量，烧沸后，加入姜丝和盐，以小火炖1小时即可。

汤品解说

三七和丹参均为化淤止血的良药，可散可收，既能止血，又能活血散淤，适合产后多虚多淤的患者食用，对产后腹痛有显著效果。

当归芍药排骨汤

原料

当归、白芍、熟地、丹参、川芎………各15 克
三七粉…………………………………… 5 克
排骨……………………………………… 500 克
米酒、盐各适量

做法

❶ 将排骨切块洗净，氽烫去腥，再用冷开水冲洗干净，沥水备用。

❷ 将当归、白芍、熟地、丹参、川芎入水煮沸，下排骨，加米酒，待水煮沸，转小火续煮30分钟，最后加入三七粉拌匀，加盐调味即可。

汤品解说

当归、白芍、熟地均是补血良药；丹参、川芎、三七均可活血化淤。故此汤对血淤型产后恶露出血者有很好的疗效。

鸡血藤鸡肉汤

原料

鸡肉…………………………………… 200 克
鸡血藤、姜、川芎………………………各20 克
盐适量

做法

❶ 鸡肉洗净，切片氽水；姜洗净切片；鸡血藤、川芎洗净，放入锅中，加水煎煮，留取药汁备用。

❷ 将氽水后的鸡肉、姜片放入锅中，以大火煮沸，转小火炖煮1小时，再倒入药汁煮沸；加入盐调味即可食用。

汤品解说

川芎行气止痛、活血化淤；鸡血藤通经通络。此汤对由气滞血淤所致的产后腹痛、闭经痛经、小腹或胸胁刺痛均有很好的疗效。

当归生姜羊肉汤

原料

当归 …………………………………… 50 克
姜 ……………………………………… 20 克
羊肉 …………………………………… 500 克
盐、酱油各适量

羊肉：温中暖肾、补益气血

做法

❶ 先将羊肉洗净，切成小块，放入开水锅内
汆去血水，捞出晾凉。

❷ 将当归、姜用水洗净，顺切成大片。

❸ 取砂锅放入适量清水，将羊肉、当归、姜
片放入，以大火烧沸后去掉浮沫，改小火
炖至羊肉烂熟，加盐、酱油调味即可。

汤品解说

当归具有补血活血、调经止痛、润燥滑肠的功
效；姜具有发汗解表、温肺止咳、解毒的功
效，可治外感风寒、胃寒呕吐、腹痛腹泻、中
鱼蟹毒等病症；羊肉可暖胞宫、散寒凝。本品
对由产后寒凝血淤引起的腹痛有很好的疗效。

枸杞党参鱼头汤

原料
鱼头·······································1个
枸杞·······································15克
山药片、党参、红枣、盐、胡椒粉各适量

做法
❶ 鱼头洗净，剖成两半，放入热油锅稍煎；山药片、党参、红枣均洗净；枸杞泡发洗净。
❷ 汤锅加入适量清水，用大火烧沸，放入鱼头煲至汤汁呈乳白色。
❸ 加入山药片、党参、红枣、枸杞，用中火继续炖1小时，加入盐、胡椒粉调味即可。

无花果煲猪肚

原料
无花果································· 20 克
猪肚·······································1个
蜜枣、姜、盐、鸡精、胡椒、醋各适量

做法
❶ 猪肚用盐、醋擦洗后冲净；无花果、蜜枣洗净；胡椒稍研碎；姜洗净，去皮切片。
❷ 锅中注水烧沸，将猪肚氽去血沫后捞出。
❸ 将所有食材一同放入砂煲中，加清水，大火煲滚后改小火煲2小时，至猪肚软烂后调入盐、鸡精即可。

黄芪牛肉蔬菜汤

原料
黄芪································· 25 克
牛肉································· 500 克
西红柿、西蓝花、土豆·············· 各100克
盐适量

做法
❶ 牛肉切大块，氽水，捞起冲净；西红柿、土豆均洗净，切块；西蓝花洗净，切小朵。
❷ 将所有原料与水一起入锅，以大火煮沸后改小火续煮30分钟，加盐调味即可。

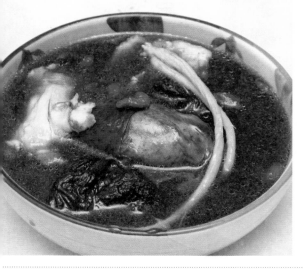

十全乌鸡汤

原料

当归、熟地、党参、炒白芍、白术、茯苓、黄芪、川芎、甘草、肉桂、枸杞、红枣…各10克
乌鸡腿……………………………………1只
盐适量

做法

❶ 乌鸡腿剁块，放入开水氽烫，捞起冲净；将各种药材以清水快速冲洗，沥干备用。

❷ 将乌鸡腿和所有药材一道盛入炖锅，加适量的水，以大火煮沸。

❸ 转小火慢炖30分钟，加盐调味即成。

虾仁豆腐汤

原料

鱿鱼、虾仁……………………… 各100克
豆腐………………………………… 25克
鸡蛋……………………………………1个
葱、盐各适量

做法

❶ 将鱿鱼、虾仁处理干净；豆腐洗净切条；鸡蛋打入盛器搅匀备用；葱洗净切花。

❷ 净锅上火倒入水，放入鱿鱼、虾仁、豆腐，烧沸至熟后倒入鸡蛋，煮沸后再放入盐和葱花即可。

金针黄豆煲猪蹄

原料

猪蹄…………………………………… 300克
金针菇、黄豆、葱、盐、胡椒粉各适量

做法

❶ 猪蹄洗净，斩块，氽水；金针菇、黄豆均洗净泡发；葱洗净切花。

❷ 将猪蹄、金针菇、黄豆一起放进瓦煲，注入清水，以大火烧沸，改小火煲1.5小时，加盐、胡椒粉、葱花调味即可。

通草丝瓜对虾汤

原料
通草 …………………………………………… 6 克
对虾 …………………………………………… 8 只
丝瓜 ………………………………………… 200 克
葱段、蒜、盐各适量

做法
❶ 将通草、丝瓜、对虾分别洗干净，虾去除泥肠。
❷ 将蒜去皮，拍切成细末；丝瓜切成条状。
❸ 起锅，倒入油、对虾、通草、丝瓜、葱段、蒜末、盐，用中火煎至将熟时，再放些油，烧沸即可。

汤品解说
通草可下乳汁、利小便；丝瓜清热解毒、通络下乳；虾有较好的下乳作用。此汤能改善产后乳少、因乳腺炎导致的乳汁不通等症。

莲子土鸡汤

原料
土鸡 ……………………………………… 300 克
莲子 ………………………………………… 30 克
姜、盐、鸡精、味精各适量

做法
❶ 先将土鸡剁成块，洗净，入开水中焯去血水；莲子洗净，泡发；姜切片。
❷ 将鸡肉、莲子、姜片一起放入炖盅内，加开水适量，放入锅内，炖蒸2小时；最后加入盐、鸡精、味精调味即可食用。

汤品解说
鸡肉可温中益气、补精添髓；莲子有补益气血的功效。此汤能补虚损、健脾胃，对因产后气血亏虚引起的缺乳有很好的补益效果。

百合莲子排骨汤

原料

排骨 ························· 500 克
莲子、百合 ················· 各50 克
枸杞、米酒、盐、味精各适量

做法

1 将排骨洗净，斩块，放入开水中氽烫一下，去掉血水，捞出备用。
2 将莲子和百合一起洗净，莲子去心，百合掰成瓣，备用。
3 将排骨、莲子、百合、枸杞、米酒一同放入锅中炖煮至排骨完全熟烂；起锅前加入盐、味精调味即可。

汤品解说

百合、莲子均可清心泻火、安神解郁；枸杞滋补肝肾；米酒行气活血。此汤对产后抑郁、心悸心慌、失眠多梦的女性有很好的改善作用。

当归炖猪心

原料

党参 ························· 20 克
当归 ·························15 克
鲜猪心 ·······················1 个
葱、姜、盐、料酒各适量

做法

1 将猪心剖开，洗净，将猪心里的血水、血块去除干净。
2 将党参、当归洗净，再一起放入猪心内，用竹签固定；葱、姜洗净切丝。
3 在猪心上撒上葱丝、姜丝、料酒，再将猪心放入锅中，隔水炖熟后，再加盐调味即可。

汤品解说

猪心可改善心悸、失眠、健忘等症状；当归补血活血；党参益气健脾。三者合用，对心脾两虚型产后抑郁患者有一定的食疗效果。

金银花茅根猪蹄汤

原料

金银花、桔梗、白芷、茅根…………各15 克

猪蹄………………………………………1 只

黄瓜……………………………… 35 克

盐适量

做法

❶ 将猪蹄洗净，切块，氽水；黄瓜洗净，切滚刀块备用。

❷ 将金银花、桔梗、白芷、茅根洗净，装入纱布袋扎紧。

❸ 汤锅上火倒入水，下猪蹄、药袋，调入盐烧沸，煲至快熟时下黄瓜，捞起药袋丢弃，即可食用。

汤品解说

金银花清热解毒，白芷敛疮生肌，茅根凉血止血，桔梗排脓消肿，猪蹄可通乳汁；本品对由乳汁淤积导致的急性乳腺炎有食疗效果。

苦瓜牛蛙汤

原料

紫花地丁、蒲公英………………… 各15 克

苦瓜……………………………… 200 克

牛蛙………………………………175 克

清汤、姜片、盐各适量

做法

❶ 将苦瓜去子，洗净，切厚片，用盐水稍泡；紫花地丁、蒲公英均洗净，备用。

❷ 牛蛙处理干净，斩块，氽水备用。

❸ 净锅上火倒入清汤，调入盐、姜片烧沸，下牛蛙、苦瓜、紫花地丁、蒲公英煲至熟，即可食用。

汤品解说

紫花地丁、蒲公英均可清热解毒、消肿排脓；苦瓜泻火解毒；牛蛙清热利尿。此汤对各种热毒性炎症均有较好的食疗作用。

佛手瓜白芍瘦肉汤

原料

鲜佛手瓜 ······················· 200 克
白芍 ···························· 20 克
猪瘦肉 ························· 400 克
红枣 ···························· 5 颗
盐适量

做法

① 将佛手瓜洗净，切片，氽水。

② 将白芍、红枣洗净；猪瘦肉洗净，切片，氽水。

③ 将800毫升清水放入瓦煲内，煮沸后加入以上原料，大火煮沸后，改用小火煲2小时，加盐调味即可。

汤品解说

佛手瓜舒肝解郁、理气和中、活血化淤；白芍可补血、柔肝、止痛。此汤可用于由肝郁气滞所致的月经不调、食少腹胀、心神不安等症。

六味乌鸡汤

原料

杜仲、菟丝子、桑寄生、山药、银杏···各10 克
枸杞 ···························· 5 克
乌鸡肉 ························· 300 克
姜、盐各适量

做法

① 乌鸡肉洗净，切块；杜仲、菟丝子、桑寄生、山药、银杏和枸杞分别洗净，沥干；姜洗净，去皮切片。

② 将以上全部原料放入锅中，倒入适量清水，加盐拌匀。

③ 用大火煮沸，转小火炖约30分钟即可。

汤品解说

杜仲、菟丝子、桑寄生均可滋补肝肾、理气安胎。此汤对由肾虚引起的月经先后不定期、习惯性流产等症均有很好的食疗效果。

黑豆益母草瘦肉汤

原料

猪瘦肉……………………………………………… 250 克

黑豆………………………………………………… 50 克

薏米………………………………………………… 30 克

益母草……………………………………………… 20 克

枸杞………………………………………………… 10 克

盐、鸡精各适量

做法

❶ 猪瘦肉洗净，切块，氽水；黑豆、薏米、枸杞洗净，浸泡；益母草洗净。

❷ 将猪瘦肉、黑豆、薏米放入锅中，加入清水慢炖2小时。

❸ 放入益母草、枸杞稍炖，最后调入盐和鸡精即可。

汤品解说

益母草活血化瘀、调经止痛；黑豆解毒利尿、滋阴补肾；薏米清热祛湿；枸杞滋阴补肾。此汤对血热型月经过多有较好的食疗作用。

三七当归猪蹄汤

原料

三七（鲜品）……………………………………… 20 克

当归………………………………………………… 10 克

猪蹄………………………………………………… 250 克

红枣、盐各适量

做法

❶ 将猪蹄剃去毛，用清水洗净，在开水中煮2分钟捞出，待冷后，斩块备用。

❷ 将三七、当归、红枣均洗净，备用。

❸ 将以上全部原料放入锅内，加适量清水，以大火烧沸后，转小火煮2.5~3小时，待猪蹄熟烂后加入盐调味即可。

汤品解说

三七活血化瘀、散血止血；当归既活血又补血，为补血调经第一良药；猪蹄能益气补血、养血美容。此汤适合气血亏虚的女性食用。

西洋参炖乳鸽

原料
乳鸽 ······················· 1 只
西洋参片 ···················· 40 克
山药 ······················· 50 克
红枣 ······················· 8 颗
姜片、盐各适量

做法
❶ 西洋参片略洗；山药洗净，浸泡半小时，切片；红枣洗净；乳鸽去毛和内脏，切块。
❷ 将以上原料和姜片放入炖盅内，加入适量开水，盖好，隔水小火炖3小时；加盐调味即可。

汤品解说
乳鸽益气养血、滋补肝肾，西洋参生津止渴，山药是补气佳品，红枣益气补血；四者炖汤食用，对因气虚导致的月经过多有改善作用。

川芎鸡蛋汤

原料
川芎 ······················· 15 克
鸡蛋 ······················· 1 个
米酒 ······················· 20 毫升
盐适量

做法
❶ 将川芎洗净，浸泡于清水中约20分钟，泡发备用。
❷ 将鸡蛋打入碗内，适当放盐拌匀，备用。
❸ 锅中注入适量清水，放入川芎，以大火煮滚后倒入鸡蛋，转小火，蛋熟后下米酒即可。

汤品解说
川芎能活血行气，是妇科活血调经的良药；米酒既活血又补血；鸡蛋能益气补虚。三者合用，可加强活血调经的功效。

山楂二皮汤

原料

山楂、白糖⋯⋯⋯⋯⋯⋯⋯⋯⋯各20克
柚子皮⋯⋯⋯⋯⋯⋯⋯⋯⋯⋯⋯15克
陈皮⋯⋯⋯⋯⋯⋯⋯⋯⋯⋯⋯⋯10克

做法

❶ 将山楂洗净，切片。
❷ 将陈皮、柚子皮均洗净，切块备用。
❸ 锅内加水适量，放入山楂片、陈皮、柚子皮，以小火煮沸15~20分钟，去渣取汁，调入白糖即成。分成2次服用。

汤品解说

山楂活血化淤、行气消食，对由气滞血淤引起的痛经有较好疗效；陈皮、柚子皮均具有行气止痛的功效，对肝郁气滞型痛经有疗效。

百合熟地鸡蛋汤

原料

百合、熟地⋯⋯⋯⋯⋯⋯⋯⋯⋯各50克
鸡蛋⋯⋯⋯⋯⋯⋯⋯⋯⋯⋯⋯ 2 个
蜜糖适量

做法

❶ 将百合、熟地洗净。
❷ 将鸡蛋煮熟，捞出，去壳备用。
❸ 将以上全部用料放入炖盅内，加清水适量，用大火煮沸后，改小火煲1个小时，再加入蜜糖即可。

汤品解说

熟地滋阴补肾、补肝养血；百合滋阴生津、养心安神；鸡蛋健脾补气。此汤对肾虚型经间期出血、腰膝酸痛、潮热盗汗等症均有疗效。

归芪乌鸡汤

原料
当归·····························30克
黄芪·····························15克
红枣······························6颗
乌鸡······························1只
盐适量

当归：补血活血、调经止痛

做法
❶ 当归、黄芪分别洗净；红枣去核，洗净；
乌鸡去内脏，洗净，汆水。
❷ 将2 000毫升清水放入瓦煲中，煮沸后放入
当归、黄芪、红枣、乌鸡，以大火煮沸，
再改用小火煲2小时；加盐调味即可。

汤品解说
当归甘温质润，既能补血活血，又能调经止
痛，为妇科常用药；黄芪可补气健脾；红枣可
益气养血；乌鸡能补血调经。四者搭配炖汤食
用，对由气血亏虚引起的经间期出血、缺铁性
贫血症状均有食疗效果。

旱莲草猪肝汤

原料

旱莲草·· 5 克
猪肝··· 300 克
葱、盐各适量

做法

❶ 旱莲草入锅，加适量的水以大火煮沸，转小火续煮10分钟；猪肝洗净，切片；将葱洗净，切段。

❷ 只取旱莲草汤汁，转中火待汤再沸，放入肝片，待汤开，加盐调味；最后将葱段撒在汤面即成。

汤品解说

旱莲草滋补肝肾、凉血止血，与猪肝配伍有止血兼补血的作用。此汤对各种出血症状均有很好的食疗效果，也可改善因出血导致的贫血。

归参炖母鸡

原料

当归···15 克
党参··· 20 克
母鸡··1 只
葱、姜、料酒、盐各适量

做法

❶ 将母鸡宰杀后，去毛、去内脏，洗净，切块；葱、姜洗净切丝。

❷ 将剁好的鸡块放入开水中焯去血水。

❸ 砂锅中注入清水，下鸡块、当归、党参、姜丝，置于大火上烧沸，后改用小火炖至鸡肉烂熟，最后调入葱丝、料酒、盐调味即可。

汤品解说

当归补血活血、调经止痛，党参具有益气补虚的功效，母鸡可大补元气。三者搭配炖汤食用，对气血虚弱型痛经有很好的调养效果。

当归熟地烧羊肉

原料

当归、熟地·······················各20克
羊肉·····························500克
干姜、盐、料酒、酱油各适量

做法

❶ 将羊肉用清水冲洗，洗去血水，切成块状，放入砂锅中。

❷ 再放入当归、熟地、干姜、酱油、盐、料酒等原料和调味料，加清水至没过材料，以大火煮沸，再改用小火煮至烂熟即可。

汤品解说

当归对由血淤或血虚引起的闭经有较好疗效，熟地补血养肝，羊肉温经祛寒。此汤能改善月经不调、腹部冷痛、四肢冰凉等症。

参归枣鸡汤

原料

党参、当归·······················各15克
红枣·······························8颗
鸡腿·······························1只
盐适量

做法

❶ 将鸡腿洗净切块，放入开水中余烫，捞起冲净。

❷ 将鸡腿与党参、当归、红枣一起入锅，加适量水以大火煮沸，再转小火续煮30分钟；起锅前加盐调味即可。

汤品解说

党参、当归配伍可补气养血；红枣补益中气、养血补虚。此汤有调经理带的作用，可改善因贫血造成的闭经，月经稀发、量少等症。

佛手元胡猪肝汤

原料
佛手、元胡 ······························ 各10 克
香附 ······································· 8 克
猪肝 ······································100 克
葱、姜、盐各适量

做法
❶ 将佛手、元胡、香附洗净，备用；猪肝洗净
切片，备用；姜洗净切丝；葱洗净切花。
❷ 放佛手、元胡、香附入锅内，加适量水煮
沸，再用小火煮15分钟左右。
❸ 加入猪肝片，放适量盐、姜丝、葱花，熟后
即可食用。

汤品解说
元胡、佛手、香附均有行气止痛、活血化淤、
宽胸散结的功效；猪肝养肝补血。四者合用，
能补血调经，还可辅助治疗乳腺增生。

三七薤白鸡肉汤

原料
鸡肉 ······························ 350 克
枸杞 ······························ 20 克
三七、薤白、盐各适量

做法
❶ 鸡肉处理干净，切块，汆水；三七洗净，切
片；薤白洗净，切碎；枸杞洗净，浸泡。
❷ 将鸡肉、三七、薤白、枸杞一起放入锅中，
加适量清水，用小火慢煲2小时后，加盐调
味即可食用。

汤品解说
薤白具有通阳散结、行气止痛的功效；三七可
活血化淤、散结止痛。两者合用，对因气滞血
淤导致的乳腺增生有很好的食疗效果。

锁阳羊肉汤

原料

锁阳 ·····················15 克
香菇 ·····················5 朵
羊肉 ·····················250 克
姜、盐各适量

做法

❶ 将羊肉洗净、切块，放入开水中氽烫，捞出备用；将香菇洗净，切丝；将锁阳、姜均洗净备用。

❷ 将所有的材料放入锅中，加适量水，以大火煮沸后，再用小火慢慢炖煮至软烂，起锅前加盐调味即可。

汤品解说

锁阳可滋阴补肾、增强性欲；羊肉温补肾阴、温经散寒；香菇益气滋阴、抗老防衰。此汤对肾阳亏虚型卵巢早衰患者有较好的食疗作用。

松茸鸽蛋海参汤

原料

海参、松茸 ·····················各20 克
鸽蛋、水发虫草花、清汤各适量

做法

❶ 将海参泡发，洗净备用；将松茸洗净后用热水泡透。

❷ 将鸽蛋、水发虫草花、海参分别入开水中快速氽水，捞出备用。

❸ 净锅下清汤、松茸，汤开后倒入炖盅内，再下鸽蛋、海参和水发虫草花，盖上盖子，放入蒸笼，旺火蒸10分钟至味足即可。

汤品解说

海参可改善由卵巢早衰引起的女性精血亏虚、性欲低下、月经不调等症状；虫草花、松茸、鸽蛋均具有补肾益气、延年抗衰的功效。

鲍鱼瘦肉汤

原料

鲍鱼 ··· 2 只
猪瘦肉 ·· 150 克
参片 ·· 12 片
枸杞、盐、味精、鸡精各适量

做法

❶ 将鲍鱼杀好洗净；猪瘦肉切小块。

❷ 将鲍鱼、猪瘦肉、参片、枸杞放入盅内，加水适量，用中火蒸1小时，最后放入盐、味精和鸡精调味即可。

汤品解说

鲍鱼富含多种蛋白质，有较好的抗衰老作用；参片大补元气；枸杞滋补肝肾。此汤对阴阳具虚型卵巢早衰症有一定的改善效果。

莲子补骨脂猪腰汤

原料

补骨脂 ·· 50 克
猪腰 ··· 1 个
莲子、核桃 ································ 各40 克
姜、盐各适量

做法

❶ 补骨脂、莲子、核桃分别洗净浸泡；猪腰剖开除去白色筋膜，加盐揉洗，以水冲净；姜洗净，去皮切片。

❷ 将所有材料放入砂煲中，注入清水，以大火煲沸后转小火煲煮2小时，加盐调味即可。

汤品解说

补骨脂滋阴补肾、养巢抗衰；莲子清心醒脾、补肾固精；核桃可补肾气。三者配伍同用，可改善雌激素水平、增强性欲。

甘草红枣炖鹌鹑

原料

鹌鹑·····························3 只

甘草、红枣······················各10 克

猪瘦肉··························30 克

姜、盐、味精各适量

红枣：补中益气、养血安神

做法

❶ 将甘草、红枣入清水中润透，洗净；姜洗净切片。

❷ 猪瘦肉洗净，切成小方块；鹌鹑洗净，与猪瘦肉一起入开水中氽去血沫后捞出。

❸ 将以上备好的所有材料一同装入炖盅内，加适量水，入锅炖40分钟后，调入盐、味精即可。

汤品解说

鹌鹑有补肾阳、补气血的功效；红枣能补中益气、养血安神；甘草能治五脏六腑寒热邪气，久服能轻身延年。几味配伍，对肾阳亏虚型更年期综合征有较好的食疗作用。

熟地当归鸡汤

原料

熟地⋯⋯⋯⋯⋯⋯⋯⋯⋯⋯⋯⋯⋯ 25 克
当归⋯⋯⋯⋯⋯⋯⋯⋯⋯⋯⋯⋯⋯ 20 克
白芍⋯⋯⋯⋯⋯⋯⋯⋯⋯⋯⋯⋯⋯10 克
鸡腿⋯⋯⋯⋯⋯⋯⋯⋯⋯⋯⋯⋯⋯⋯1 只
姜、葱、盐各适量

做法

❶ 鸡腿洗净剁块，放入开水中汆烫，捞起冲
净；葱、姜洗净切丝；熟地、当归、白芍分
别用清水快速冲净。
❷ 将鸡腿、姜丝和所有药材放入炖锅中，加适
量水以大火煮沸，再转小火续炖30分钟。
❸ 起锅后，加盐调味、撒上葱花即可。

汤品解说

熟地滋阴补肾、补血生津，当归补血活血，白
芍养肝血，鸡腿益气补虚。此汤有补肾养血的
功效，适合肾阴虚型更年期综合征患者食用。

核桃沙参汤

原料

核桃仁⋯⋯⋯⋯⋯⋯⋯⋯⋯⋯ 50 克
沙参⋯⋯⋯⋯⋯⋯⋯⋯⋯⋯⋯ 20 克
姜片、红糖各适量

做法

❶ 将核桃仁冲洗干净；沙参洗净。
❷ 砂锅内放入核桃仁、沙参和姜片。
❸ 加水以小火煮40分钟，加入红糖即可。

汤品解说

核桃仁补肾生髓、益智补脑、润肠通便，沙参
滋阴生津。此汤可改善皮肤干燥、皱纹横生等
症状，适合更年期女性食用。

鱼腥草银花瘦肉汤

原料

鱼腥草·····································30 克
金银花·····································15 克
白茅根·····································25 克
连翘·······································12 克
猪瘦肉·····································100 克
盐、味精各适量

做法

❶ 将鱼腥草、金银花、白茅根、连翘分别用水洗净。

❷ 将药材一同放入锅内加水煎煮，以小火煮30分钟，去渣留药汁。

❸ 将猪瘦肉洗净切片，放入药汁内，以小火煮熟，加盐、味精调味即成。

汤品解说

鱼腥草清热解毒、消肿排脓、镇痛止血，金银花、连翘均可清热解毒、消炎杀菌，白茅根凉血利尿。几味搭配对阴道炎有较好疗效。

黄花菜马齿苋汤

原料

干黄花菜、马齿苋·····················各50 克
苍术·······································10 克

做法

❶ 将黄花菜洗净，入开水焯烫，再用凉水浸泡2小时以上；将马齿苋用清水洗净，备用；苍术用清水洗净，备用。

❷ 锅洗净，置于火上，将黄花菜、马齿苋、苍术一同放入锅中。

❸ 注入适量清水，以中火煮成汤即可。

汤品解说

黄花菜清热解毒，苍术可燥湿止痒、排毒化浊，马齿苋可清热解毒、利湿。此汤适合阴道炎、肠炎、皮肤湿疹等湿热性病症患者食用。

土茯苓绿豆老鸭汤

原料

土茯苓·························· 50 克
绿豆························· 200 克
陈皮··························· 3 克
老鸭························· 500 克
盐适量

做法

❶ 先将老鸭洗净，切块，备用。

❷ 将土茯苓、绿豆和陈皮分别用清水浸透，洗净，备用。

❸ 瓦煲内加入适量清水，以大火烧沸，然后放入土茯苓、绿豆、陈皮和老鸭，待再次烧沸后，改用小火继续煲3小时左右，加盐调味即可。

汤品解说

绿豆可清热解毒，土茯苓可解毒除湿，老鸭可清热毒、利小便。三者合用，对阴道炎患者有较好的食疗效果。

苦瓜黄豆牛蛙汤

原料

苦瓜························· 400 克
黄豆·························· 50 克
牛蛙························· 500 克
红枣··························· 5 颗
盐适量

做法

❶ 苦瓜去瓤，切成小段，洗净；牛蛙处理干净，切块；红枣和黄豆洗净、泡发。

❷ 将1 600毫升清水放入瓦煲内，煮沸后加入以上所有原料，以大火煮沸后，改用小火继续煲1.5小时，加盐调味即可。

汤品解说

苦瓜能除邪热、解劳乏，黄豆健脾利尿，牛蛙具有清热解毒、利尿通淋的功效。三者搭配煮汤食用，对由湿热引起的尿道炎有较好效果。

生地木棉花瘦肉汤

原料

猪瘦肉······300 克
生地、木棉花······各10 克
青皮······6 克
盐适量

生地：清热凉血、滋阴生津

做法

❶ 猪瘦肉洗净，切块，汆水；生地洗净，切片；木棉花、青皮均洗净。

❷ 锅置火上，加水烧沸，放入猪瘦肉、生地慢炖1小时。

❸ 放入木棉花、青皮再炖半个小时，加盐调味即可食用。

汤品解说

生地清热凉血、滋阴生津、杀菌消炎，可辅助治疗急性盆腔炎；青皮能行气除胀、散结止痛，对气滞血淤型盆腔炎有很好的疗效；木棉花可清热、利湿、解毒，对由湿热下注引起的急性盆腔炎有很好的疗效。

莲子茅根炖乌鸡

原料

萹蓄、土茯苓、茅根······················· 各15 克

红花······································· 8 克

莲子······································· 50 克

乌鸡肉······································ 200 克

盐适量

做法

❶ 将莲子、萹蓄、土茯苓、茅根、红花分别洗净备用。

❷ 将乌鸡肉洗净切块，入开水汆烫去血水。

❸ 把以上原料一起放入炖盅内，加适量开水，炖盅加盖，以小火隔水炖3小时，加盐调味即可。

汤品解说

萹蓄、土茯苓、茅根均可清热利湿、消炎杀菌，莲子健脾补肾、固涩止带，乌鸡滋补肝肾。此汤可辅助治疗湿热型盆腔炎。

鸡蛋马齿苋汤

原料

马齿苋······································ 250 克

鸡蛋······································· 2 个

盐适量

做法

❶ 将马齿苋用温水泡10分钟，择去根和老黄叶片，清水洗净，切成段，备用。

❷ 鸡蛋煮熟后去壳。

❸ 锅洗净，置于火上，将马齿苋、鸡蛋一起放入锅中同煮5分钟后，加盐调味即可。

汤品解说

马齿苋有清热凉血、消炎解毒的功效。此汤可改善阴道瘙痒、带下黄臭等症，但不适宜脾胃虚弱者、大便泄泻者和孕妇食用。

三七木耳乌鸡汤

原料

乌鸡 ……………………………………150 克
三七 ……………………………………… 5 克
黑木耳 …………………………………10 克
盐适量

做法

❶ 乌鸡处理干净，切块；三七浸泡，洗净，切成薄片；黑木耳泡发，洗净，撕成小朵。

❷ 锅中注入适量清水烧沸，放入乌鸡，氽去血水后捞出洗净。

❸ 用瓦煲装适量清水，煮沸后加入乌鸡、三七、黑木耳，以大火煲沸后改用小火煲2小时，加盐调味即可食用。

汤品解说

三七可化淤定痛、活血止血，乌鸡可调补气血、滋阴补肾，黑木耳可凉血止血。此汤对肾虚血淤型子宫肌瘤患者有较好的食疗效果。

桂枝土茯苓鳝鱼汤

原料

鳝鱼、蘑菇 ………………………… 各100 克
土茯苓 ……………………………… 30 克
桂枝、赤芍 ………………………… 各10 克
盐、米酒各适量

做法

❶ 将鳝鱼洗净，切小段；蘑菇洗净，撕成小朵；桂枝、土茯苓、赤芍洗净备用。

❷ 将桂枝、土茯苓、赤芍先放入锅中，以大火煮沸后转小火续煮20分钟。

❸ 放入鳝鱼煮5分钟后，放入蘑菇炖煮3分钟，加盐、米酒调味即可。

汤品解说

土茯苓除湿解毒，赤芍散淤止痛，桂枝活血化淤，蘑菇益气补虚，鳝鱼通络散结；几味搭配，可辅助治疗湿热淤结型子宫肌瘤。

党参山药猪肚汤

原料

猪肚 ································· 250 克
党参、山药 ···················· 各20 克
黄芪、枸杞、姜、盐各适量

做法

❶ 猪肚洗净，氽水，切块；党参、山药、黄芪、枸杞均洗净；姜洗净切片。

❷ 将以上所有原料一起放入砂煲内，加清水没过材料，以大火煲沸，再改小火煲3小时，加盐调味即可。

汤品解说

党参、山药、黄芪均是补气健脾的佳品；猪肚能健脾益气、升提内脏。本品对气虚所致的内脏下垂，如胃下垂、子宫脱垂、脱肛、肾下垂等症大有补益作用。

黄芪猪肝汤

原料

当归、党参、黄芪 ···················· 各20 克
熟地 ································· 8 克
猪肝 ································· 200 克
姜丝、米酒、香油、盐各适量

做法

❶ 当归、党参、黄芪、熟地洗净，加适量的水，熬取药汁备用；猪肝洗净切片。

❷ 香油加姜丝爆香后，入猪肝片炒至半熟，盛起备用。

❸ 将米酒、药汁入锅煮沸，入猪肝片再煮沸，最后加盐调味即可。

汤品解说

党参、黄芪可补气健脾、升阳举陷；当归可益气补血；熟地可滋补肝肾。本品对气血亏虚导致的子宫脱垂有较好的食疗作用。

参芪玉米排骨汤

原料

党参、黄芪································ 各15 克
小排骨································· 300 克
玉米、盐各适量

做法

❶ 将玉米洗净，剁成小块。

❷ 将小排骨切块，开水汆烫去腥，捞起沥水，备用。

❸ 将玉米、小排骨、党参、黄芪一起放入砂锅内，以大火煮沸后，再以小火炖煮约40分钟，待汤入味，起锅前加盐调味即可。

汤品解说

党参、黄芪均有补中益气的功效，黄芪还能升阳举陷。此汤能增强脾胃之气，对子宫脱垂、胃下垂等症有较好的食疗功效。

佛手老鸭汤

原料

老鸭······························· 250 克
佛手······························· 100 克
生地、丹皮、枸杞··················· 各10 克
盐、鸡精各适量

做法

❶ 老鸭处理干净，切块，汆水；佛手洗净，切片；枸杞洗净，浸泡；生地、丹皮煎汁，去渣备用。

❷ 锅中放入老鸭、佛手、枸杞，加入适量清水，以小火慢炖。

❸ 至香味四溢时，倒入药汁，放入盐和鸡精，稍炖即可出锅。

汤品解说

佛手疏肝理气，老鸭清热凉血，生地、丹皮敛疮生肌。此汤适宜乳腺癌患者食用。

排骨苦瓜煲陈皮

原料

苦瓜……………………………………200 克
排骨……………………………………300 克
蒲公英……………………………………10 克
陈皮………………………………………8 克
葱、姜、盐、胡椒粉各适量

做法

❶ 将苦瓜洗净，去子，切块；排骨洗净，斩块，氽水；陈皮洗净备用；蒲公英洗净，煎汁去渣备用；葱、姜洗净切丝。

❷ 煲锅上火倒入水，调入葱丝、姜丝，下排骨、苦瓜煲至八成熟。

❸ 加入陈皮，倒入药汁，调入胡椒粉和盐，即可食用。

汤品解说

蒲公英清热解毒、利尿散结，苦瓜清热泻火，陈皮可理气散结、止痛。三者同用，可缓解由乳腺癌导致的局部皮肤红肿热痛等症状。

三七冬菇炖鸡

原料

三七………………………………………12 克
冬菇………………………………………30 克
鸡肉………………………………………500 克
红枣、姜、蒜、盐各适量

做法

❶ 将三七洗净；冬菇洗净，温水泡发；姜切丝，蒜捣烂成泥。

❷ 把鸡肉洗净，斩块；红枣洗净。

❸ 将三七、冬菇、鸡肉块、红枣放入砂煲中，加入姜丝、蒜泥，注水适量，以慢火炖煮；待鸡肉烂熟，加盐调味即可。

汤品解说

三七活血化淤，能明显缩短出血和凝血时间；冬菇可防癌抗癌、益气补虚；鸡肉、红枣均可益气补血。本品可辅助治疗子宫内膜癌。

薏米煮土豆

原料

薏米······························ 50 克

土豆·····························200 克

荷叶······························ 20 克

姜、葱、料酒、盐、味精、香油各适量

做法

❶ 将薏米洗净；土豆洗净并切3厘米见方的块；姜洗净拍松；葱洗净切段。

❷ 将薏米、土豆、荷叶、姜、葱段、料酒同放入炖锅内，加水，置大火上烧沸。

❸ 转小火炖煮35分钟，加入盐、味精、香油调味即成。

汤品解说

薏米、荷叶均有健脾利湿、调理肠胃的功效，能促进体内血液和水分的新陈代谢，土豆可缓急止痛、通利大便；此汤能改善便秘症状。

葛根荷叶牛蛙汤

原料

牛蛙······························ 250 克

鲜葛根···························120 克

荷叶······························15 克

盐、味精各适量

做法

❶ 将牛蛙洗净，切小块；葛根去皮，洗净，切块；荷叶洗净，切丝。

❷ 把以上原料一齐放入煲内，加清水适量，以大火煮沸，转小火续煮1小时；加盐和味精调味即可。

汤品解说

葛根对改善循环、降脂减肥有很好的作用；荷叶可降血脂；牛蛙富含蛋白质，而脂肪含量少。三者搭配食用，对女性肥胖症患者有一定的食疗效果。

老人延年益寿汤

　　随着年龄的增长，人们步入老年后，身体的生理状况乃至各个器官的功能，都发生了很大的变化。这时，老年人的饮食选择及安排就应区别于一般的成年人，有独特的需要和禁忌。经常喝汤就是个不错的选择，容易消化且吸收快。尤其是对症喝汤，不仅美味，而且还能治疗一些慢性疾病，延年益寿。

川芎白芷鱼头汤

原料
川芎、白芷……………………………… 各10 克
鱼头………………………………………1 个
姜、盐、红枣各适量

做法
1. 将鱼头洗净，去鳃，起油锅，下鱼头煎至微黄，取出备用；川芎、白芷、姜洗净切片。
2. 把川芎、白芷、姜片、红枣、鱼头一起放入炖锅内，加适量开水，炖锅加盖，以小火隔水炖2小时，最后加盐调味即可。

汤品解说
川芎可活血化淤、行气止痛，白芷可祛病除湿、排脓生肌。此汤可缓解恶寒发热、无汗、头痛身重、咳嗽吐白痰、小便清等感冒症状。

板蓝根丝瓜汤

原料
板蓝根……………………………… 20 克
丝瓜………………………………… 250 克
盐适量

做法
1. 将板蓝根洗净，备用；将丝瓜洗净，连皮切片，备用。
2. 砂锅内加水适量，放入准备好的板蓝根、丝瓜片。
3. 以大火烧沸，再改用小火煮15分钟至熟，去渣，加入盐调味即可。

汤品解说
板蓝根具有清热解毒、除菌抗炎的功效，丝瓜可泻火明目。此汤可用于流感、流行性结膜炎、粉刺、痱子等病症。

海底椰贝杏鹌鹑汤

原料

鹌鹑……………………………………1 只
海底椰…………………………………… 20 克
川贝母、杏仁、枸杞…………………… 各10 克
蜜枣、盐各适量

做法

❶ 将鹌鹑收拾干净；川贝母、杏仁均洗净；蜜
　枣、枸杞均洗净泡发；海底椰洗净切薄片。
❷ 锅中注入适量水，烧开，下入鹌鹑，余尽血
　水，捞起洗净。
❸ 瓦煲中注入适量水，放入以上原料，以大火
　烧开，改小火煲3小时，加盐调味即可。

汤品解说

本品可润肺止咳、益气补虚。适宜由肺虚导致
的哮喘、咳嗽、咳痰、气喘等老年患者食用；
也适宜体质虚弱、神疲乏力的老年人食用。

旋覆乳鸽汤

原料

乳鸽……………………………………1 只
旋覆花、沙参…………………………… 各10 克
山药…………………………………… 20 克
盐适量

做法

❶ 将乳鸽去毛并清理内脏，洗净，切成小块。
❷ 山药、沙参洗净，切片；旋覆花洗净，备
　用；将沙参、旋覆花放入药袋中，扎紧口。
❸ 将乳鸽、山药放入砂锅中，加入药袋、盐及
　适量清水，用小火炖30分钟至肉烂，取出
　药袋，吃肉喝汤。

汤品解说

此汤有健脾益胃的功效，能改善久咳引起的体
虚、食欲不振等症。

大肠枸杞核桃汤

原料

核桃仁……………………………………… 35 克
枸杞…………………………………………10 克
猪大肠……………………………………… 250 克
葱、姜、盐各适量

做法

❶ 将猪大肠洗净，切块，余水。
❷ 将核桃仁、枸杞用温水洗干净，备用；葱、姜均洗净切丝。
❸ 净锅上火倒入油，将葱丝、姜丝爆香，放入猪大肠煸炒，倒入水，调入盐，烧沸后放入核桃仁、枸杞，以小火煲至熟即可。

汤品解说

核桃仁补脑健体，枸杞补气养血，二者与猪大肠配伍，有补脾固肾、润肠通便的功效。此汤可改善因脾肾气虚所致的习惯性便秘。

白芍山药鸡汤

原料

莲子、山药……………………………各50 克
鸡肉………………………………………… 40 克
白芍…………………………………………10 克
枸杞、盐各适量

做法

❶ 山药去皮，洗净切块；莲子、白芍、枸杞均洗净，备用。
❷ 将鸡肉洗净切块，入开水中余去血水。
❸ 锅中加入适量水，将山药、白芍、莲子、鸡肉放入；水沸腾后，转中火煮至鸡肉熟烂，加枸杞，调入盐即可食用。

汤品解说

莲子滋阴润燥，白芍补血养血、平抑肝阳。此汤有补气健脾、敛阴止痛的功效，适合脾胃气虚型胃痛、消化性溃疡等老年患者食用。

佛手胡萝卜荸荠汤

原料

胡萝卜 ···100 克
佛手 ···75 克
荸荠 ···35 克
姜、盐、香油、植物油、胡椒粉各适量

做法

① 将胡萝卜、佛手、荸荠均洗净，切丝，备用；姜洗净切末。
② 净锅上火，倒入植物油，将姜末爆香，放入胡萝卜、佛手、荸荠煸炒，调入盐、胡椒粉烧沸，淋上香油即可。

汤品解说

佛手可理气和中、疏肝止咳，荸荠能开胃解毒、消宿食、健肠胃。此汤具有理气活血、清热利湿的功效，适合脂肪肝患者食用。

薏米南瓜浓汤

原料

薏米 ···35 克
南瓜 ··150 克
洋葱 ···60 克
葛根粉 ···20 克
盐适量

做法

① 薏米洗净，放入果汁机打成薏米泥；南瓜、洋葱洗净切丁，均放入果汁机打成泥。
② 锅烧热，将葛根粉勾芡，把南瓜泥、洋葱泥、薏米泥倒入锅中煮滚，化成浓汤状后加盐调味即可。

汤品解说

南瓜、洋葱、葛根粉均具有降低血糖的功效，非常适合糖尿病患者食用。另外，此汤兼具降血压的作用，适合老年高血压患者食用。

芥菜魔芋汤

原料

芥菜·······························300 克
魔芋·······························200 克
姜、盐各适量

做法

① 将芥菜去叶，择洗干净，切成大片；魔芋和姜均洗净，魔芋切片，姜切丝。

② 锅中加入适量清水，加入芥菜、魔芋及姜丝，用大火煮沸。

③ 转中火煮至荠菜熟软，加盐调味即可。

汤品解说

芥菜中含有大量的胡萝卜素，可有效降低血管负担，魔芋能产生饱腹感。此汤有降脂减肥的功效，适合高脂血症和肥胖症患者食用。

胖大海雪梨汁

原料

胖大海·····························9 克
麦冬·······························10 克
桔梗·······························6 克
雪梨·······························2 个
白糖适量

做法

① 将胖大海、麦冬、桔梗均洗净；雪梨洗净，切小块。

② 将胖大海、桔梗、麦冬、雪梨放入锅中，注入适量水，用大火蒸1小时。

③ 最后加入白糖即可。

汤品解说

本品可滋阴清热、润肺止咳。适宜有阴虚干咳咯血、肺热咳嗽咳痰、咽喉干燥、口干喜饮、肠燥便秘、皮肤干燥瘙痒等症的老年人食用。

羌独排骨汤

原料

排骨 …………………………………… 250 克
羌活、独活、川芎、细辛、茯苓、甘草、
枳壳 …………………………………… 各5 克
党参 …………………………………… 15 克
柴胡 …………………………………… 10 克
干姜、盐各适量

做法

❶ 将所有药材洗净，煎汁；干姜洗净切块。
❷ 将排骨斩块，入开水中汆烫，捞起冲净，放入炖锅，加药汁和姜块，加水至盖过材料，以大火煮沸，转小火炖约30分钟，加盐调味即可。

汤品解说

羌活可解表散寒，川芎可活血行气，茯苓利水渗湿。此汤有祛湿散寒、理气止痛的功效，适合肩周炎、风湿性关节炎、风湿夹痰者食用。

桑寄生连翘鸡爪汤

原料

桑寄生 ………………………………… 30 克
连翘 …………………………………… 15 克
鸡爪 …………………………………… 400 克
蜜枣 …………………………………… 2 颗
盐适量

做法

❶ 将桑寄生、连翘、蜜枣分别洗净。
❷ 将鸡爪洗净，去爪甲，斩块，放入开水中汆烫去腥。
❸ 瓦煲内加入1 600毫升清水，煮沸后加入桑寄生、连翘、鸡爪、蜜枣，以大火煲开后，改用小火煲2小时，加盐调味即可。

汤品解说

此汤有补肝肾、清热毒的功效，能改善因肝肾不足导致的腰膝酸痛、关节肿痛等症。

羌活川芎排骨汤

原料

羌活、独活、川芎、鸡血藤……………各10 克
党参、茯苓、枳壳……………………各8 克
排骨……………………………………250 克
姜、盐各适量

做法

❶ 将所有药材洗净，煎取药汁，去渣；姜洗净切片。

❷ 排骨斩件，氽烫，捞起冲净，放入炖锅，加入熬好的药汁和姜片，再加水至盖过材料，以大火煮沸。

❸ 转小火炖约30分钟，加盐调味即可。

汤品解说

羌活、独活均可祛风胜湿、散寒止痛，鸡血藤通经活络，党参益气强身。此汤有行气活血的功效，适合风湿性关节炎患者食用。

决明苋菜鸡肝汤

原料

鲜苋菜………………………………… 250 克
鸡肝…………………………………… 300 克
决明子……………………………………15 克
盐适量

做法

❶ 将苋菜剥取嫩叶和嫩梗，洗净，沥干。

❷ 将鸡肝洗净，切片，氽去血水后捞起。

❸ 将决明子装入棉布袋扎紧，放入煮锅中，加1 200毫升水熬成药汤，药袋捞起后丢弃。

❹ 加入苋菜，煮沸后下肝片，再煮沸后加盐调味即可。

汤品解说

决明子能清肝明目，鸡肝可护肝养血，苋菜可清热泻火。三者同食，对降低眼压、缓解白内障不适有较好的食疗作用。

苍术瘦肉汤

原料

猪瘦肉·····························300 克
苍术、枸杞、五味子·················各10 克
盐、鸡精各适量

做法

① 猪瘦肉洗净，切块；苍术洗净，切片；枸杞、五味子分别洗净。

② 锅内烧水，待水沸时，放入猪瘦肉去除血水。

③ 将猪瘦肉、苍术、枸杞、五味子放入汤锅中，加入清水，大火烧沸后以小火炖2小时，调入盐和鸡精即可食用。

汤品解说

苍术有清肝明目、降低眼压的功效，与枸杞、五味子配伍，补肝肾、明目的效果更佳。此汤对改善眼部不适有很好的食疗效果。

山药黄精炖鸡

原料

鸡肉·····························1 000 克
黄精·······························30 克
山药······························100 克
盐适量

做法

① 将鸡肉洗净，切块，入开水中汆去血水；黄精、山药均洗净备用。

② 把鸡肉、黄精、山药一起放入炖盅内，加水适量。

③ 把炖盅入锅，隔水炖熟，下盐调味即可。

汤品解说

黄精具有滋阴益肾、健脾润肺的功效，山药可健脾补肾，鸡肉可益气补虚。此汤可改善脾胃虚弱、便秘、消瘦、纳差、带下等症。

玄参萝卜清咽露

原料
萝卜···································· 300 克
玄参····································15 克
蜂蜜···································· 30 克
黄酒····································20 毫升

做法
1 将萝卜洗净，切成薄片；玄参洗净，用黄酒浸润，备用。
2 在碗内放入2层萝卜，再放入1层玄参，淋上蜂蜜10克，黄酒5毫升。
3 如此放置四层，余下的蜂蜜加冷水20毫升，倒入碗中，以大火隔水蒸2小时即可。

汤品解说
本品可清热利嗓、滋阴生津。对患有慢性咽炎、咽喉干燥等症的老年人均有食疗效果。

毛丹银耳汤

原料
西瓜···································· 20 克
红毛丹·································· 60 克
银耳···································· 50 克
冰糖适量

做法
1 银耳泡发，去除蒂头，撕小朵，放入开水中汆烫，捞起沥干；西瓜去皮，切小块；红毛丹去皮、去核。
2 将冰糖和适量水熬成汤汁，待凉。
3 最后将西瓜、红毛丹、银耳、冰糖水放入碗中，拌匀即可。

汤品解说
银耳可滋阴润燥、利咽润肺；西瓜可清热泻火；红毛丹营养丰富，富含碳水化合物、各种维生素和矿物质。此汤适合咽炎患者食用。

苦瓜败酱草瘦肉汤

原料
猪瘦肉······························400 克
苦瓜·······························200 克
败酱草····························100 克
盐、鸡精各适量

做法
❶ 猪瘦肉洗净，切块，氽去血水；苦瓜洗净，去瓤，切片；败酱草洗净，切段。
❷ 锅中注水，烧沸，放入猪瘦肉、苦瓜慢炖。
❸ 1小时后放入败酱草再炖30分钟，加入盐和鸡精调味即可。

汤品解说
败酱草具有清热解毒、利湿止痒、消炎止带的功效，苦瓜可清热泻火。二者合用，可有效治疗湿热引起的皮肤瘙痒、阴道瘙痒等症。

薏米黄瓜汤

原料
薏米、土茯苓····················各50 克
黄瓜································1 条
陈皮·······························8 克
盐适量

做法
❶ 将所有药材清洗干净，备用；黄瓜去皮，切片备用。
❷ 将薏米、土茯苓、黄瓜、陈皮一起放入锅中，加1 000毫升水，以大火煮沸后转小火煲约1小时，再加盐调味即可。

汤品解说
薏米可健脾和中、利湿解毒，土茯苓有解毒、除湿、杀菌的功效，陈皮能理气健脾。此汤对治疗湿疹有较好的食疗辅助作用。

鲜荷双瓜汤

原料

新鲜荷叶 …………………………………… 半张
西瓜、丝瓜 ………………………………各200克
薏米、盐各适量

做法

① 将新鲜荷叶洗净,切块;将西瓜肉与瓜皮切开,西瓜肉切粒,西瓜皮用清水洗干净,切成块状。

② 丝瓜削去棱边,用清水洗干净,切成块状;薏米浸泡,洗净。

③ 瓦煲内加清水和西瓜皮、薏米,用大火煲至水沸,改中火煲1小时,入丝瓜煲至薏米软熟、丝瓜熟,去掉西瓜皮,放入新鲜荷叶和西瓜肉,稍开,以少许盐调味即可。

汤品解说

本品具有清热泻火、利尿通淋、解毒排脓的功效。适合患有前列腺炎的老年男性食用。

参果炖瘦肉

原料

猪瘦肉 ………………………………… 25克
太子参 …………………………………100克
无花果 ………………………………… 200克
盐适量

做法

① 将太子参略洗;无花果洗净。

② 将猪瘦肉洗净,切片。

③ 把以上全部原料放入炖盅内,加沸水适量,隔水炖约2小时,加盐调味即可。

汤品解说

此品具有益气养血、健胃理肠的功效。适合气虚体质的老年人食用。

雪梨猪腱汤

原料

新鲜猪腱 ···································· 500 克
雪梨 ······································· 1 个
无花果、冰糖或盐各适量

做法

① 将猪腱洗净,切块;雪梨洗净后去皮,切成小块;无花果用清水洗净后浸泡。

② 把以上全部用料放入煲内,加入适量清水,以大火煮沸后,改小火煲2小时。

③ 最后加适量盐调成咸汤或加冰糖调成甜汤,即可食用。

兔肉薏米煲

原料

兔腿肉 ····································· 200 克
薏米 ······································· 100 克
红枣、葱、姜、盐、鸡精各适量

做法

① 将兔腿肉洗净剁块;薏米洗净;红枣洗净,备用;葱、姜洗净切丝。

② 锅中注水,下兔肉氽水,冲净备用。

③ 净锅上火倒入油,将葱丝、姜丝爆香,加水,调入盐、鸡精,放入兔肉、薏米、红枣,以小火煲至入味即可。

白扁豆鸡汤

原料

白扁豆 ····································· 100 克
鸡腿 ······································· 300 克
莲子、砂仁、盐各适量

做法

① 将鸡腿切块,洗净;莲子洗净,去心;白扁豆洗净,沥干。

② 将1 500毫升清水、鸡腿、莲子置入锅中,以大火煮沸,转小火续煮45分钟,将白扁豆放入锅中煮至熟软。

③ 再放入砂仁,搅拌溶化后,加盐调味即可。

125

苦瓜海带瘦肉汤

原料

苦瓜·······················150 克
海带·······················100 克
猪瘦肉·····················200 克
盐适量

苦瓜：清暑泻火、涤热除烦

做法

❶ 将苦瓜洗净，切成两半，去瓤，切块备用；猪瘦肉切块；海带浸泡1小时，洗净，切成丝。

❷ 把苦瓜、猪瘦肉、海带放入砂锅中，加适量清水，煲至瘦肉烂熟；加入盐调味即可。

汤品解说

苦瓜有清心泻火、排毒瘦身、降糖降压的功效；海带具有降血脂、降血糖、调节免疫、抗凝血、抗肿瘤、排铅解毒和抗氧化等多种生物功能。此汤能改善心烦易怒、失眠等症，适合患有糖尿病、高血压、肥胖症、甲状腺肿大等老年患者食用。

菊花土茯苓汤

原料

土茯苓······························30 克
野菊花······························15 克
冰糖适量

做法

❶ 将野菊花去杂洗净；土茯苓洗净，切成薄片备用。

❷ 砂锅内加适量水，放入土茯苓片，以大火烧沸后改用小火煮10~15分钟。

❸ 加入冰糖、野菊花，再续煮3分钟，去渣即可饮用。

汤品解说

菊花、土茯苓均有清热解毒的功效。本品对患有湿疹的老年人有很好的疗效。

百合猪蹄汤

原料

百合······························100 克
猪蹄······························1 只
葱、姜、盐、料酒各适量

做法

❶ 猪蹄去毛后洗净，斩成块；百合洗净；葱洗净切花；姜洗净切片。

❷ 将猪蹄块放入开水中氽去血水。

❸ 猪蹄、百合加水适量，以大火煮1小时后，加入葱花、姜片、盐、料酒调味即可。

汤品解说

百合、猪蹄均有滋阴润燥的作用，百合能养心安神，猪蹄可补益心血。二者合用，能促进皮肤细胞新陈代谢，防衰抗老。

127

麦冬杨桃甜汤

原料

麦冬、天门冬··· 各15 克
杨桃··1 个
紫苏梅、紫苏梅汁、盐、冰糖各适量

做法

1. 麦冬、天门冬放入棉布袋封口；杨桃表皮以少量的盐搓洗，切除头尾，再切成片状。
2. 将药袋、杨桃、紫苏梅放入锅中，加入适量清水，以小火煮沸，加入冰糖搅拌溶化。
3. 取出药袋，加入紫苏梅汁拌匀，即可食用。

西红柿蘑菇排骨汤

原料

排骨······································· 600 克
鲜蘑菇、西红柿 ······················· 各120 克
料酒、盐各适量

做法

1. 排骨洗净，剁块，加料酒、盐腌15分钟；鲜蘑菇洗净，切片；西红柿洗净，切片。
2. 锅中加适量水，用大火烧沸后下排骨，去浮沫，加料酒，待沸后，改小火煮30分钟。
3. 加入蘑菇片煮至排骨烂熟，下西红柿片，煮沸后加盐调味即可。

葛根西瓜汤

原料

葛根粉··10 克
西瓜··250 克
苹果···80 克
白糖···50 克

做法

1. 将西瓜、苹果洗净去皮，切小丁备用。
2. 净锅上火倒入水，调入白糖烧沸。
3. 加入西瓜、苹果，用葛根粉勾芡即可。

香蕉莲子汤

原料

香蕉……………………………………………… 2 根
莲子……………………………………………… 30 克
蜂蜜适量

做法

❶ 将莲子去心，洗净，泡发备用；香蕉去皮，切块备用。

❷ 先将莲子放入锅中，加水适量，煮至熟烂后，放入香蕉，稍煮片刻即可关火。

❸ 待汤稍微冷却后放入蜂蜜搅拌，即可食用。

汤品解说

莲子可养心安神，香蕉能润肠通便。此汤对由心火旺盛所致的失眠、便秘等症均有改善作用，适宜有此症状的老年人经常食用。

百合桂圆瘦肉汤

原料

百合……………………………………150 克
桂圆肉………………………………… 20 克
猪瘦肉………………………………… 200 克
红枣…………………………………… 5 颗
糖、盐各适量

做法

❶ 将百合剥成片状，洗净；桂圆肉洗净。

❷ 将猪瘦肉洗净，切片；红枣泡发。

❸ 锅中放入油、清水、百合、桂圆肉、红枣，开锅后煮10分钟左右，放入猪瘦肉，慢火滚至肉熟，加入糖、盐调味即可。

汤品解说

桂圆肉、红枣均可益心脾、补气血；百合、桂圆肉均有养心安神的作用。此汤对由贫血引起的心悸、失眠有良好的食疗效果。

党参豆芽尾骨汤

原料

党参···10 克
黄豆芽·· 30 克
猪尾骨···1 副
西红柿···1 个
盐适量

做法

❶ 将猪尾骨切段，汆烫后捞出，再冲洗。
❷ 将黄豆芽冲洗干净；西红柿洗净，切块；党参洗净，备用。
❸ 将猪尾骨、黄豆芽、西红柿和党参一起放入锅中，加适量水以大火煮开，改小火炖30分钟，加盐调味即可。

汤品解说

本品具有补气健脾、益肺润肠的功效。适宜有脾肺虚弱、胃中积热、气短心悸、食少便溏、虚喘咳嗽等症状的老年患者食用；此外，肥胖、便秘、痔疮患者也适宜食用。

笋参老鸭汤

原料

老鸭··· 500 克
竹笋、党参··· 各30 克
枸杞···15 克
盐、香油各适量

做法

❶ 老鸭洗净，汆水后捞出；竹笋洗净，切片；党参、枸杞均泡水，洗净。
❷ 老鸭、竹笋、党参加水，以大火炖开后，改小火炖2小时至肉熟。
❸ 撒入枸杞，加盐调味起锅，淋上香油即可食用。

汤品解说

老鸭补血行水、养胃生津，竹笋滋阴凉血、和中润肠。此汤有益气补虚、敛汗固表的作用，对气虚出汗、易感冒者有较好的食疗效果。

苦瓜甘蔗鸡骨汤

原料

甘蔗、苦瓜……………………各200克
鸡胸骨……………………………1 副
盐适量

做法

① 将鸡胸骨入开水中汆烫，捞起冲净；甘蔗洗净，去皮，切小段；苦瓜洗净，去瓤和白色薄膜，切块。

② 将鸡胸骨、甘蔗一起放入锅中，以大火煮沸后，转小火续煮1小时，下苦瓜再煮30分钟，加盐调味即可。

雪梨银耳瘦肉汤

原料

雪梨、猪瘦肉……………………各500克
银耳……………………………… 20 克
红枣、盐各适量

做法

① 雪梨去皮，洗净，切块；猪瘦肉洗净，汆水；银耳浸泡，去根蒂部，撕小朵，洗净；红枣洗净。

② 将适量清水放入瓦煲内，煮沸后加入以上全部原料，以大火煲开后，改用小火煲2小时，加盐调味即可。

北杏党参老鸭汤

原料

老鸭……………………………… 300 克
北杏仁、党参……………………各20 克
盐、鸡精各适量

做法

① 老鸭收拾干净，切块，汆水；北杏仁洗净，浸泡；党参洗净，切段，浸泡。

② 锅中放入老鸭肉、北杏仁、党参，加入适量清水，以大火烧沸后转小火慢炖2小时。

③ 调入盐和鸡精，稍炖，关火出锅即可。

紫苏叶砂仁鲫鱼汤

原料

紫苏叶、砂仁 ························· 各10 克
枸杞叶 ······························· 500 克
鲫鱼 ·································· 1 条
橘皮、姜片、盐、香油各适量

做法

① 紫苏叶、枸杞叶洗净切段；鲫鱼收拾干净；
   砂仁洗净，装入棉布袋中封口。
② 将紫苏叶、枸杞叶、鲫鱼、橘皮、姜片和药
   袋一同放入锅中，加水煮熟。
③ 捞出药袋，加盐调味，淋上香油即可。

汤品解说

紫苏叶具有散寒解表、宣肺止咳、理气和中、
安胎解毒的功效；砂仁可行气健胃、化湿止
呕；鲫鱼补脾开胃、健脾利水。此汤有温中散
寒、化湿止呕的功效，适合脾胃虚寒、厌食呕
吐、便稀腹泻者食用。

牛奶银耳水果汤

原料

银耳 ································· 100 克
猕猴桃 ······························· 1 个
牛奶 ································· 300 毫升
圣女果 ······························· 5 颗

做法

① 将银耳用清水泡软，去蒂，切成细丁。
② 将银耳加入牛奶中，以中小火边煮边搅拌，
   煮至熟软，熄火待凉装碗。
③ 圣女果洗净，对切成两半；猕猴桃削皮切
   丁，一起放入碗中即可。

汤品解说

银耳可滋养心阴，猕猴桃可调中理气、生津润
燥。此汤有清热生津、通利肠道的功效，可缓
解肺燥咳嗽、皮肤干燥、肠燥便秘等症。

霸王花猪肺汤

原料

霸王花（干品）······················ 50 克
猪肺·································· 750 克
红枣··································· 3 颗
南、北杏仁······················ 各10 克
姜、盐各适量

猪肺：止咳、补虚、补肺

做法

❶ 霸王花浸泡1小时，洗净；红枣和南、北杏仁均洗净备用；姜洗净切片。

❷ 猪肺注水，挤压，反复多次，直至血水去尽、猪肺变白，切成块状，汆水；热锅放姜片，将猪肺干爆5分钟左右。

❸ 将2 000毫升清水放入瓦煲内，煮沸后加入霸王花、猪肺、红枣、南北杏仁和姜片，以大火煲沸后，改用小火煲3小时，最后加盐调味即可。

汤品解说

霸王花有滋阴清热的功效；猪肺可润肺止咳。二者搭配，更能滋阴润肺、清热润燥。

133

枸杞叶菊花绿豆汤

原料

枸杞叶·······················100 克
菊花·························15 克
绿豆·························30 克
冰糖适量

做法

❶ 将绿豆洗净，用清水浸泡约半小时；枸杞叶、菊花均洗净。

❷ 把绿豆放入锅内，加清水适量，以大火煮沸后，转小火煮至绿豆烂。

❸ 加入菊花、枸杞叶、冰糖，再煮5~10分钟即可。

汤品解说

菊花具有清疏风热、清肺润燥的功效，枸杞叶可清肝明目。此汤对肺热咳嗽、风热头痛、目赤肿痛等热性病疗效颇佳，适合老年人在干燥天气里食用。

绞股蓝墨鱼瘦肉汤

原料

绞股蓝·······················8 克
墨鱼·························150 克
猪瘦肉·······················300 克
黑豆、盐、鸡精各适量

做法

❶ 猪瘦肉洗净，切块余水；墨鱼洗净切段；黑豆洗净，用水浸泡；绞股蓝洗净，煎水备用。

❷ 锅中放入猪瘦肉、墨鱼、黑豆，加入适量清水，炖2小时。

❸ 再放入绞股蓝汁续煮5分钟，再加入盐、鸡精调味即可。

汤品解说

本品有养血益气、滋阴补肾的功效。适宜由肾阴亏虚引起的头晕耳鸣、两目干涩昏花、须发早白、脱发等症的老年患者食用。

山楂菜花瘦肉汤

原料

菜花 ····································· 200 克
土豆 ····································· 150 克
猪瘦肉 ··································· 100 克
山楂、神曲、白芍 ·················· 各10 克
盐、黑胡椒粉各适量

做法

❶ 将山楂、神曲、白芍煎汁备用。

❷ 菜花掰成小朵；土豆切小块；猪瘦肉切小丁。

❸ 将菜花、土豆和猪瘦肉放入锅中，倒入药汁煮至土豆变软，加盐、黑胡椒粉，再次煮沸后关火即可。

汤品解说

山楂可健胃消食，神曲可理气化湿，土豆和菜花能改善肠胃功能。此汤能减少胃肠负担，适合食欲不振、腹胀消化不良的患者食用。

生地绿豆猪大肠汤

原料

猪大肠 ··································· 100 克
绿豆 ······································ 50 克
生地、陈皮 ···························· 各3 克
姜、盐各适量

做法

❶ 猪大肠切段后洗净；绿豆洗净，浸泡10分钟；生地、陈皮、姜均洗净。

❷ 锅加水烧沸，入猪大肠煮透，捞出。

❸ 将猪大肠、生地、绿豆、陈皮、姜放入炖盅，注入清水，以大火烧沸，改用小火煲2小时，加盐调味即可。

汤品解说

生地有清热凉血、养阴生津的功效，绿豆、猪大肠均可清热解毒。此汤对阴虚火旺者有较好的食疗作用。

熟地山药乌鸡汤

原料

熟地、山药⋯⋯⋯⋯⋯⋯⋯⋯⋯ 各15 克
山茱萸、丹皮、茯苓、泽泻⋯⋯⋯各10 克
牛膝⋯⋯⋯⋯⋯⋯⋯⋯⋯⋯⋯⋯⋯ 8 克
乌鸡腿⋯⋯⋯⋯⋯⋯⋯⋯⋯⋯⋯⋯1 只
盐适量

做法

1 将乌鸡腿洗净，剁块，放入开水中氽烫，去掉血水。
2 将乌鸡腿及所有的药材放入煮锅中，加水至盖过所有的材料。
3 以大火煮沸，转小火续煮40分钟，加盐调味，即可取汤汁饮用。

汤品解说

几味药材配伍，具有滋阴补肾、温中健脾的功效。此汤对因肾阴亏虚引起的耳聋耳鸣、性欲减退等症状均有较好效果。

黄精牛筋煲莲子

原料

黄精⋯⋯⋯⋯⋯⋯⋯⋯⋯⋯⋯⋯10 克
莲子⋯⋯⋯⋯⋯⋯⋯⋯⋯⋯⋯⋯15 克
牛蹄筋⋯⋯⋯⋯⋯⋯⋯⋯⋯⋯ 500 克
姜、盐各适量

做法

1 将莲子泡发；黄精洗净；姜洗净切片。
2 将牛蹄筋切块，入开水中氽烫。
3 煲中加入清水烧沸，放入牛蹄筋、莲子、黄精、姜片煲2小时，加盐调味即可。

汤品解说

黄精可补肾养阴；牛蹄筋含有丰富的胶原蛋白，能增强细胞生理代谢；莲子可补肾涩精。三者合用，对老年人有很好的滋补作用。

杜仲炖牛肉

原料

杜仲 …………………………………………… 20 克
枸杞 …………………………………………… 15 克
牛肉 ………………………………………… 500 克
葱段、姜片、盐各适量

做法

① 将牛肉洗净，放在热水中稍烫一下，去掉血水，切块备用。

② 将杜仲和枸杞用水冲洗一下，然后和牛肉、姜片、葱段一起放入锅中，加适量水，用大火煮沸后，转小火将牛肉煮至熟烂。

③ 起锅前拣去杜仲、姜片和葱段，最后加盐调味即可。

汤品解说

杜仲补肝肾、壮腰膝、强筋骨，与枸杞、牛肉搭配，能够降血压、聪耳明目，适用于高血压以及因肾虚引起的耳鸣耳聋、腰膝无力等症。

当归苁蓉炖羊肉

原料

当归、核桃仁、肉苁蓉、桂枝…………各15 克
羊肉 ………………………………………… 250 克
山药 ………………………………………… 25 克
黑枣、姜、米酒、盐各适量

做法

① 将羊肉洗净切块，余烫。

② 核桃仁、肉苁蓉、桂枝、当归、山药、黑枣洗净放入锅中，羊肉置于药材上方，再加入少量米酒以及适量水，水量盖过材料即可。

③ 用大火煮滚后，再转小火炖40分钟，加入姜片及盐调味即可。

汤品解说

核桃仁补肾温肺，肉苁蓉益肾固精，桂枝补元阳、通血脉。此汤有补肾的功效，适合肾虚的老年人食用。

甘草蛤蜊汤

原料

蛤蜊·····························500 克
陈皮、桔梗、甘草·····················各5 克
姜片、盐各适量

做法

① 蛤蜊以少许盐水泡至完全吐沙。

② 锅内加适量水，将陈皮、桔梗、甘草洗净后放入锅中，煮沸后改小火续煮约25分钟。

③ 再放入蛤蜊，煮至蛤蜊张开，加入姜片及盐调味即可。

汤品解说

蛤蜊低热能、高蛋白、少脂肪，能防治老年人慢性病，与陈皮、甘草搭配，有开宣肺气、滋阴润肺的功效，常食可增强体质，预防感冒。

香菜鱼片汤

原料

紫苏叶····························10 克
香菜·····························50 克
鲫鱼····························100 克
砂仁、姜、盐、酱油各适量

做法

① 将香菜洗净，切段；紫苏叶洗净，切丝；姜洗净，切丝。

② 鲫鱼洗净切薄片，用盐、姜丝、紫苏叶丝、酱油拌匀，腌渍10分钟。

③ 锅内放水煮沸，放入腌渍的鱼片、砂仁，煮熟后加盐调味，撒上香菜段即可。

汤品解说

砂仁能够行气调味、和胃醒脾；紫苏叶与姜配伍，能化痰止咳。此汤具有发散风寒、温中暖胃的功效，老年人食后可预防感冒。

牡蛎萝卜鸡蛋汤

原料
牡蛎肉·······················500 克
萝卜·······················100 克
鸡蛋·························1 个
葱、盐各适量

做法
① 将牡蛎肉洗净，萝卜洗净切丝，鸡蛋打入盛器搅匀备用；葱洗净切碎。
② 汤锅上火倒入水，下入牡蛎肉、萝卜烧沸，调入盐，淋入鸡蛋液煮熟，撒上葱碎即可。

汤品解说
牡蛎能滋补强壮、宁心安神、延年益寿，与萝卜搭配，具有暖胃散寒、消食化积、补虚损的功效，此汤十分适合老年人冬季食用。

米豆煲猪肚

原料
米豆·······················50 克
猪肚·······················150 克
姜、盐各适量

做法
① 将猪肚洗净，切成条状。
② 将米豆洗净，泡发；姜洗净切丝。
③ 锅中加油烧热，下入肚条和姜丝稍炒后，注入适量清水，再加入米豆煲至开花，调入盐即可。

汤品解说
米豆、猪肚均有健脾和胃的功效，米豆中所含的木质素可抑制肿瘤生长。此汤对脾胃虚弱以及癌症患者有很好的食疗作用。

当归三七炖鸡

原料

鸡肉···150 克
当归、三七······································· 各10 克
姜、盐各适量

做法

1 将当归、三七均洗净；鸡肉洗净，切块；姜洗净，切片。
2 将鸡块放入滚水中煮5分钟，取出过冷水。
3 把以上全部原料放入煲内，加滚水适量，盖好，以小火炖2小时，加盐调味即可。

汤品解说

本品有活血祛淤、祛风通络的作用。适合患有心绞痛、动脉硬化等病的老年患者食用。

排骨桂枝板栗汤

原料

排骨··· 350 克
桂枝··· 20 克
板栗、玉竹、高汤、盐各适量

做法

1 将排骨洗净，切块，氽水。
2 将桂枝洗净，备用。
3 净锅上火倒入高汤，放入排骨、桂枝、板栗、玉竹，煲至熟，加盐调味即可。

汤品解说

桂枝能发汗解肌、温通经脉，板栗可健脾益气、补肾壮腰。此汤具有温经散寒、行气活血的功效，适合由气血运行不畅导致的颈椎病患者食用。

鹌鹑蛋鸡肝汤

原料

鸡肝、鹌鹑蛋…………………………各150克
枸杞叶……………………………………10克
姜、盐各适量

做法

1. 将鸡肝洗净，切成片；枸杞叶洗净。
2. 鹌鹑蛋入锅中煮熟后，剥去蛋壳；姜洗净，切片。
3. 将鹌鹑蛋、鸡肝、枸杞叶、姜片一起加水煮5分钟，加盐调味即可。

枸杞炖甲鱼

原料

枸杞、桂枝………………………………各20克
莪术、红枣………………………………各10克
甲鱼………………………………………250克
盐适量

做法

1. 将甲鱼宰杀后冲洗干净。
2. 将枸杞、桂枝、莪术、红枣均洗净。
3. 将所有材料一齐放入煲内，加开水适量，以小火炖2小时，再加盐调味即可。

天麻炖猪脑

原料

猪脑………………………………………300克
天麻………………………………………15克
地龙、枸杞、红枣………………………各10克
葱、姜、高汤、盐、胡椒粉各适量

做法

1. 猪脑洗净血丝；葱洗净切段；姜去皮切片。
2. 锅中注水烧沸，放入猪脑焯烫，捞出沥水。
3. 高汤放入碗中，加入所有原料，隔水炖2小时即可。

柴胡枸杞羊肉汤

原料

柴胡······························15 克
枸杞······························10 克
羊肉片、小白菜······················各200 克
盐适量

做法

① 将柴胡洗净，放进煮锅中加4碗水熬汤，熬至约剩3碗，去渣留汁。
② 将小白菜洗净，切段。
③ 枸杞放入药汤中煮软，下羊肉片和小白菜。
④ 待肉片熟时，加盐调味即可食用。

汤品解说

柴胡可疏肝解郁、升阳举陷，枸杞能养肝明目，羊肉能温阳补气；三者合用，对老年人气虚以及阳虚怕冷有很好的改善作用。

菊花苦瓜瘦肉汤

原料

猪瘦肉块··························400 克
苦瓜·····························200 克
菊花······························10 克
盐、鸡精各适量

做法

① 苦瓜洗净，去子、去瓤，切片；菊花洗净，用水浸泡。
② 将猪瘦肉块放入开水中汆一下，捞出洗净。
③ 锅中注水烧沸，放入猪瘦肉块、苦瓜、菊花，慢炖1.5小时后，加入盐和鸡精调味，出锅即可。

汤品解说

菊花具有疏风明目、清热解毒的功效，苦瓜能清肝泻火。此汤可有效改善目赤肿痛、口干舌燥、小便黄赤、大便秘结等症。

车前枸杞叶猪肝汤

原料

车前子·······························150 克
猪肝·································1 副
枸杞叶·······························100 克
姜片、盐、香油各适量

做法

❶ 车前子洗净，加800毫升水煎至400毫升。

❷ 将猪肝、枸杞叶均洗净，猪肝切片，枸杞叶切段。

❸ 将猪肝、枸杞叶放入车前子水中，加入姜片和盐，继续加热至熟，最后淋上香油即可。

汤品解说

车前子可清热利尿、明目，枸杞叶、猪肝均能养肝明目。三者合用，对老年人两眼昏花、两目干涩、目赤肿痛等症有改善效果。

山药白芍排骨汤

原料

白芍、蒺藜·······················各10 克
新鲜山药·························300 克
排骨块··························250 克
红枣、盐各适量

做法

❶ 将白芍、蒺藜装入棉布袋系紧；新鲜山药洗净，切块；红枣用清水泡软；排骨块冲洗后入开水中氽烫捞起。

❷ 将排骨块、山药、红枣和棉布袋放入锅中，加入适量清水，以大火烧沸后转小火炖40分钟，加盐调味即可。

汤品解说

白芍可补血滋阴、柔肝止痛，山药可益气健脾。二者合用，对肝脾不和、胸胁胀满、食欲不振的患者有较好的食疗作用。

四物鸡汤

原料

鸡腿·····························150 克
熟地······························25 克
当归······························15 克
川芎·······························5 克
炒白芍····························10 克
盐适量

熟地：补血滋阴、益精填髓

做法

1. 将鸡腿剁块，放入开水中氽烫，捞出冲净；把所有药材以清水快速冲净。
2. 将鸡腿和所有药材放入炖锅，加适量水，以大火煮沸，转小火续炖40分钟；起锅前加盐调味即可。

汤品解说

熟地补血滋阴，当归补血活血，川芎祛风止痛，炒白芍柔肝止痛、敛阴止汗。四药合用为四物汤，是补血名方。此汤能有效改善因贫血引起的头晕目眩、面色微黄或苍白、腰膝酸软、潮热盗汗、神疲乏力等症状。

枸菊肝片汤

原料

枸杞·····························10 克
菊花····························· 5 克
猪肝···························300 克
盐适量

做法

❶ 猪肝洗净，切片；煮锅加4碗水，放入枸杞
以大火煮沸，转小火续煮3分钟。

❷ 放入肝片和菊花，水再开后，加盐调味即可
熄火起锅。

汤品解说

富含维生素B_2的猪肝，搭配含β-胡萝卜素的
枸杞，能防止眼睛结膜角质化及水晶体老化。
此汤对老年人的视力有很好的保护作用。

土茯苓鳝鱼汤

原料

鳝鱼、蘑菇····················· 各100 克
当归························· 8 克
土茯苓、赤芍················· 各10 克
盐、米酒各适量

做法

❶ 将鳝鱼洗净，切段；蘑菇洗净，撕成小朵；
当归、土茯苓、赤芍均洗净备用。

❷ 将当归、土茯苓、赤芍先放入锅中，以大火
煮沸后转小火续煮20分钟。

❸ 下鳝鱼段煮5分钟，下蘑菇再炖煮3分钟，
加盐、米酒调味即可。

汤品解说

土茯苓、鳝鱼均有祛风除湿、通络除痹的功
效，赤芍能清热凉血，当归可活血化淤。此汤
有强精止血、利湿泄浊的作用。

猪肝炖五味子

原料

猪肝·······················180 克
五味子·······················15 克
红枣··························2 颗
姜、盐、鸡精各适量

做法

① 将猪肝洗净切片；五味子、红枣洗净；姜去皮，洗净切片。
② 锅中注水烧沸，入猪肝氽去血沫。
③ 炖盅装水，放入猪肝、五味子、红枣、姜片炖3小时，调入盐、鸡精即可。

汤品解说

五味子能滋肾温精、养心安神，与猪肝同食，有养血安神的作用。此汤对由心血亏虚引起的失眠多梦、头晕目眩等症有很好的疗效。

核桃仁当归瘦肉汤

原料

猪瘦肉·······················500 克
当归··························30 克
核桃仁·······················15 克
葱、姜、盐各适量

做法

① 猪瘦肉洗净，切块；核桃仁洗净；当归洗净，切片；姜洗净，去皮切片；葱洗净，切段。
② 将猪瘦肉入水，氽去血水后捞出。
③ 把猪瘦肉、核桃仁、当归、姜片、葱段放入炖盅，加入清水；以大火慢炖1小时后，调入盐，转小火炖熟即可食用。

汤品解说

核桃仁具有补肾、益智、通便的功效，当归能补血活血、润肠通便。二者合用，对改善老年人由气虚、血虚引起的便秘有很好的效果。

肉桂茴香炖鹌鹑

原料

鹌鹑·······························3 只
肉桂、胡椒、杏仁、小茴香··········各10 克
盐适量

做法

1. 鹌鹑去毛、内脏、脚爪，洗净；将肉桂、小茴香、胡椒、杏仁均洗净备用。
2. 鹌鹑放入煲中，加适量水，煮沸，再加入肉桂、杏仁以小火炖2小时。
3. 最后加入小茴香、胡椒，焖煮10分钟，加盐调味即可。

麦枣桂圆汤

原料

浮小麦······························ 25 克
红枣································· 5 颗
桂圆肉······························10 克

做法

1. 将红枣用温水稍浸泡；浮小麦洗净。
2. 将浮小麦、红枣、桂圆肉同入锅中，加水煮汤即可。

灵芝红枣兔肉汤

原料

红枣·······························10 颗
灵芝································· 6 克
兔肉······························ 250 克
盐适量

做法

1. 将红枣浸软，去核洗净；灵芝洗净，浸泡，切小块；兔肉洗净，氽水，切小块。
2. 将以上原料放入砂煲内，加适量清水，大火煮沸后，改小火煲2小时，加盐调味即可。

党参枸杞红枣汤

原料

党参·····························20 克
红枣、枸杞·····················各12 克

做法

① 将党参洗净，切成段。

② 将红枣、枸杞放入清水中浸泡5分钟后，捞出备用。

③ 把所有材料放入砂锅中，冲入适量开水，煮约15分钟即可。

汤品解说

党参具有益气养血、滋阴补肝肾的功效。此汤可抑制细胞老化，能有效防衰抗老，老年人常食有助于延年益寿。

黄芪炖生鱼

原料

生鱼·····························1 条
枸杞、黄芪·····················各5 克
红枣·····························10 颗
盐、胡椒粉各适量

做法

① 生鱼宰杀，去内脏，洗净，斩成两段；红枣、枸杞泡发；黄芪洗净。

② 锅中加油烧至七成热，下鱼段稍炸后，捞出沥油。

③ 再将鱼、枸杞、红枣、黄芪一起装入炖盅内，加适量清水炖30分钟，加入盐、胡椒粉调味即可。

汤品解说

本品对由脾胃虚弱引起的食欲不振、神疲乏力、内脏下垂等症均有疗效。

山药猪肚汤

原料

猪肚····································· 500 克
山药·····································100 克
红枣······································ 8 颗
盐适量

做法

① 将猪肚用开水氽烫片刻，刮除黑色黏膜，洗净切块。
② 将山药和红枣用清水洗净。
③ 将猪肚、山药和红枣放入砂煲内，加适量清水，以大火煮沸后改用小火煲2小时，加入盐调味即可。

汤品解说

山药健脾益气，猪肚有补虚损、健脾胃的功效，红枣益气养血。此汤对脾虚腹泻、食欲不振、面色萎黄等症均有较好的食疗效果。

羊排红枣山药滋补煲

原料

羊排····································· 350 克
新鲜山药·································· 200 克
红枣······································ 5 颗
姜片、高汤、盐各适量

做法

① 将羊排洗净，切块，氽水；山药去皮，洗净，切块；红枣洗净，备用。
② 净锅上火倒入高汤，以大火煮开，下入姜片、羊排、山药、红枣，以大火煲15分钟后转小火煲至羊肉熟烂，再加盐调味即可。

汤品解说

本品具有温胃散寒、益气补血的功效。适合脾胃虚寒的老年人食用，如胃脘冷痛者、便稀腹泻者、阳虚怕冷者、冻疮患者、消化性溃疡患者、贫血患者等。

冬瓜鲫鱼汤

原料

玉竹、沙参、麦冬·····················各10 克
鲫鱼·····································1 条
冬瓜·································100 克
葱、姜、盐、胡椒粉、香油各适量

做法

1 鲫鱼收拾干净；冬瓜去皮洗净，切片；玉竹、麦冬、沙参洗净；葱切丝，姜切片。
2 将葱丝、姜片下油锅炝香，下冬瓜翻炒。
3 锅中倒入水，下鲫鱼、玉竹、沙参、麦冬煮至熟，调入盐、胡椒粉，淋入香油即可。

杏仁菜胆猪肺汤

原料

菜胆·······························50 克
猪肺······························750 克
杏仁、盐各适量

做法

1 将杏仁洗净，浸泡，去皮、尖；菜胆洗净。
2 将猪肺注水挤压，直到血水去尽，切块氽烫；起油锅，将猪肺爆炒5分钟。
3 瓦煲内注入适量清水，煮沸后下入以上原料，以大火煲开后，改小火煲3小时，加盐调味即可。

冬虫夏草炖乳鸽

原料

乳鸽·····································1 只
冬虫夏草·····························2 克
五花肉·······························20 克
红枣、姜、盐、鸡精各适量

做法

1 五花肉洗净，切成条；乳鸽洗净；红枣泡发；姜去皮，切片；冬虫夏草略冲洗。
2 将以上原料装入炖盅内加入适量清水，以中火炖1小时，最后加盐、鸡精调味即可。

桂圆花生汤

原料

桂圆·····································10 颗
花生米·································· 20 克
白糖适量

做法

① 将桂圆去壳，取肉备用。
② 将花生米洗净，浸泡20分钟。
③ 锅中加水，将桂圆肉与花生米一起放入，煮30分钟后，加白糖调味即可。

汤品解说

桂圆可补心脾、益气血、健脾胃、养肌肉，花生有益智补脑、润肠通便的功效。此汤对老年人记忆力衰退、便秘、贫血均有食疗作用。

太子参瘦肉汤

原料

水发海底椰·····························100 克
猪瘦肉································· 75 克
太子参片······························· 5 克
姜片、白糖、高汤、盐各适量

做法

① 将水发海底椰洗净，切片；猪瘦肉洗净，切片；太子参片洗净，备用。
② 净锅上火倒入高汤，调入盐、白糖、姜片，下入水发海底椰、肉片、太子参片烧开，撇去浮沫，煲至熟即可。

汤品解说

本品有益气健脾、生津润肺的功效。适合有脾气虚弱、食少倦怠、胃阴不足、气阴不足、病后虚弱、自汗口渴、肺噪干咳等症的老年患者食用。

沙参豆腐冬瓜汤

原料

沙参、葛根 ······························· 各10 克
豆腐 ···································· 250 克
冬瓜 ···································· 200 克
盐适量

做法

❶ 将豆腐切小块；冬瓜去皮，切薄片；沙参、
　葛根均洗净备用。

❷ 锅中加水，放入豆腐、冬瓜、沙参、葛根一
　同煮。

❸ 煮沸后加少量油、盐调味即可食用。

汤品解说

沙参可滋阴清热，葛根能解热消炎、抗菌免
疫。此汤有生津止渴的功效，可用于改善糖尿
病患者口渴、汗少、尿多等症。

雪梨银耳百合汤

原料

百合 ···································· 30 克
雪梨 ····································· 1 个
银耳 ···································· 40 克
枸杞、葱花、蜂蜜各适量

做法

❶ 将雪梨洗净，去核；百合、银耳洗净泡发。

❷ 往锅内加入适量水，将雪梨、百合、银耳放
　入锅中煮至熟透。

❸ 调入蜂蜜搅拌，撒上枸杞、葱花即可食用。

汤品解说

雪梨和银耳均具有养阴清热、润肺生津的功
效。此汤可用于治疗由肺阴亏虚所致的干咳、
咽喉干燥等症，也适合肺结核患者食用。

枸杞桂圆银耳汤

原料

银耳·······························50 克
枸杞·······························20 克
桂圆······························10 克
姜、盐各适量

做法

① 将桂圆、枸杞洗净；姜切片。
② 将银耳泡发，洗净，煮5分钟，捞起沥水。
③ 下油爆香姜片，银耳略炒后盛起；另加适量水煲滚，放入桂圆、枸杞、银耳、姜片煲沸，以小火煲1小时后，下盐调味即成。

汤品解说

银耳滋阴润肺，枸杞补血养心，桂圆养心益气。此汤对面色萎黄、两目干涩、口干咽燥等症均有较好的食疗效果。

猪肺雪梨银耳汤

原料

熟猪肺·······························200 克
木瓜·······························30 克
雪梨······························15 克
水发银耳·······························10 克
盐、白糖各适量

做法

① 将熟猪肺切方丁；木瓜、雪梨收拾干净，切方丁；水发银耳洗净，撕成小朵备用。
② 净锅上火倒入水，下熟猪肺、木瓜、雪梨、水发银耳煲至熟，调入白糖、盐搅匀即可。

汤品解说

猪肺可补肺润燥，木瓜、雪梨均有生津润肺、清热养阴的功效，银耳益气清肠、补气和血。此汤能有效缓解口干咽燥等症状。

人参雪梨乌鸡汤

原料

乌鸡·· 300 克
雪梨·· 1 个
人参·· 10 克
黑枣、盐各适量

做法

1. 雪梨洗净，切块去核；乌鸡洗净砍成小块；黑枣洗净；人参洗净切大段。
2. 锅中加水烧沸，下乌鸡块汆烫后捞出。
3. 锅中加油烧热，加入适量水和所有原料，以大火炖30分钟后，加盐调味即可。

蝉花熟地猪肝汤

原料

蝉花、熟地·································· 各10 克
猪肝·· 180 克
红枣、姜、盐、淀粉、胡椒、香油各适量

做法

1. 蝉花、熟地、红枣洗净；猪肝洗净，切薄片，加淀粉、胡椒、香油腌渍片刻；姜洗净去皮，切片。
2. 将蝉花、熟地、红枣、姜片放入瓦煲内，注入适量清水，以大火煲沸后改中火煲约2小时，放入猪肝滚熟，加盐调味即可。

杜仲艾叶鸡蛋汤

原料

杜仲、艾叶·································· 各25 克
鸡蛋·· 2 个
姜丝、盐各适量

做法

1. 将杜仲、艾叶分别用清水洗净。
2. 鸡蛋打入碗中，搅成蛋浆，再加入洗净的姜丝，放入油锅内煎成蛋饼，切成块。
3. 将以上材料放入煲内，加适量水，以大火煲沸，改中火煲2小时，加盐调味即可。

胡萝卜荸荠煲猪骨肉

原料

荸荠·······················100 克
胡萝卜·····················80 克
猪骨肉·····················300 克
高汤、姜、盐、味精、胡椒粉、料酒各适量

做法

① 胡萝卜洗净，切滚刀块；姜去皮，切片；猪骨肉斩件；荸荠洗净。

② 锅中注水烧沸，放入猪骨肉氽烫去血水，捞出沥干水分。

③ 将高汤倒入煲中，加入以上所有材料煲1小时，调入盐、味精、胡椒粉和料酒即可。

汤品解说

荸荠清热解毒、凉血生津、利尿通便，胡萝卜可下气补中、调和肠胃。此汤对痢疾、便秘等疾病有较好的食疗作用。

银杞鸡肝汤

原料

鸡肝·······················200 克
银耳、百合··················各10 克
枸杞·······················15 克
盐、鸡精各适量

做法

① 将鸡肝洗净，切块；银耳泡发洗净，摘成小朵；枸杞、百合洗净，浸泡。

② 锅中注入适量水，烧沸，放入鸡肝氽水，取出洗净。

③ 将以上材料一起放入锅中，加入清水，以小火炖1小时，调入盐、鸡精即可。

汤品解说

本品具有滋补肝肾、养血明目的功效。适合青光眼、白内障、夜盲症，以及由肝肾不足导致的视物昏花等病症患者食用。

姜片海参炖鸡汤

原料

海参·······················3 只

鸡腿·······················1 只

姜、盐各适量

海参：补肾益精、壮阳疗痿

做法

1. 将鸡腿汆烫，捞起，切块；姜洗净切片。
2. 将海参自腹部切开，洗净腔肠，切大块，汆烫，捞起。
3. 煮锅加适量的水煮沸，加入鸡腿和姜片煮沸，转小火炖约20分钟，加入海参续炖5分钟，加盐调味即可。

汤品解说

海参是高蛋白、低脂肪、低胆固醇食物，能补肾固本，增强人体免疫力，常食能有效防治心脑血管疾病；海参还具有再生修复功能，适合大众食用。此汤营养丰富，具有补肾益精、养血润燥、益气补虚的功效。

山药党参鹌鹑汤

原料

鹌鹑……………………………………1只
党参、山药……………………………各20克
枸杞、盐各适量

做法

❶ 鹌鹑去毛、内脏，洗净；党参、山药、枸杞均洗净，备用。

❷ 锅中注水烧开，下鹌鹑汆烫，捞出洗净。

❸ 炖盅注水，放入鹌鹑、党参、山药、枸杞，以大火烧沸后改用小火煲3小时，加盐调味即可。

汤品解说

本品有益气养血、补肾固精的功效。适合由脾肾气虚引起的神疲乏力、食欲不振、面色无华、腰膝酸软、贫血、内脏下垂、慢性腹泻等老年患者食用。

当归羊肉汤

原料

当归……………………………… 25 克
羊肉……………………………… 500 克
姜、盐各适量

做法

❶ 将羊肉切块汆烫，捞起冲净；姜洗净，切段，微拍裂。

❷ 将当归洗净，切成薄片。

❸ 将羊肉、当归、姜盛入炖锅，加适量的水，以大火煮沸，转小火慢炖2小时，最后加盐调味即可。

汤品解说

当归能补血活血，促进血液循环；羊肉暖胃祛寒，能增加身体御寒能力。此汤适合阳虚怕冷、四肢冰凉、腰膝酸软的老年人食用。

天麻川芎酸枣仁茶汤

原料

天麻 ································· 6 克
川芎 ································· 5 克
酸枣仁 ·······························10 克

做法

① 将天麻洗净，用淘米水泡软后切片。
② 将川芎、酸枣仁均洗净。
③ 将川芎、酸枣仁、天麻一起放入锅中，注入适量水，以小火煮10分钟即可饮用。

汤品解说

本品具有行气活血、平肝潜阳的功效，适合高血压、高脂血症、动脉硬化症、脑梗死等老年患者食用，症见头痛、头晕、四肢麻痹等。

螺肉煲西葫芦

原料

田螺肉·································· 200 克
西葫芦·································· 250 克
香附、丹参·························· 各10 克
高汤、盐各适量

做法

① 将田螺肉用盐反复搓洗干净；西葫芦洗净，切块备用；香附、丹参洗净，煎取药汁，去渣备用。
② 净锅上火倒入高汤，放入西葫芦、田螺肉，以大火煮沸，转小火煲至熟，倒入药汁，再煮沸后调入盐即可。

汤品解说

田螺肉有清热解毒、利尿消肿的功效，西葫芦可清热利水，丹参可凉血活血，香附可疏肝理气、化淤散结。几者同食效果更佳。

儿童健康成长汤

  汤的形态为液体，有利于营养物质的充分吸收，所以很适合正在生长发育阶段的孩子们食用。本章就针对儿童发育成长过程中遇到的问题，集中介绍一些适合孩子们食用的汤品。但需要强调的是，不要将汤作为主要的食物喂给婴幼儿，因为汤的体积大，营养密度低，长期作为主食会引起各种营养物质的供给不足。

山药鱼头汤

原料

鲢鱼头·····································400 克
山药·····································100 克
枸杞·······································10 克
香菜、葱、姜、盐、鸡精各适量

做法

① 将鲢鱼头去鳃，洗净，剁成块；山药浸泡，洗净切块备用；枸杞洗净。

② 净锅上火倒入油、葱、姜爆香，下入鱼头略煎加水，下入山药、枸杞煲至熟，调入盐、鸡精，撒上香菜即可。

汤品解说

山药有滋养强壮、助消化的功效，鲢鱼有健脾补气、温中暖胃的功效。故本品能补脑益智、健脾益胃，适合生长发育期的儿童食用。

玉米胡萝卜脊骨汤

原料

猪脊骨·····································100 克
玉米、胡萝卜、盐各适量

做法

① 将猪脊骨洗净，剁成段；玉米、胡萝卜均洗净，切段。

② 锅入水烧沸，滚尽猪脊骨上的血水后捞出，清洗干净。

③ 将猪脊骨、玉米、胡萝卜放入瓦煲，注入适量水，以大火烧沸，改小火煲炖1.5小时，加盐调味即可。

汤品解说

玉米能开胃、利胆、通便、利尿；胡萝卜富含胡萝卜素，可经消化分解成维生素A，能防止夜盲症，促进儿童生长。故本品具有开胃益智的功效，适合生长发育期的儿童食用。

核桃排骨汤

原料

排骨……………………………………… 200 克
核桃…………………………………………100 克
何首乌、当归、熟地、桑寄生………各20 克
盐适量

做法

❶ 排骨洗净砍成大块，氽烫后捞起备用。
❷ 其他所有食材洗净备用。
❸ 将备好的材料加水以小火煲3小时，起锅前
　 加盐调味即可。

汤品解说

核桃仁含有人体必需的钙、磷、铁等多种微量
元素和矿物质，以及胡萝卜素、核黄素等多种
维生素，对人体有益，可强健大脑。本品有提
神健脑、滋阴补血的功效，适合儿童食用。

胡萝卜红枣猪肝汤

原料

猪肝……………………………………… 200 克
胡萝卜…………………………………… 300 克
红枣、油、料酒、盐各适量

做法

❶ 胡萝卜洗净，去皮切块，放油略炒后盛出；
　 红枣洗净。
❷ 猪肝洗净切片，用盐、料酒腌渍，放油略炒
　 后盛出。
❸ 把胡萝卜、红枣放入锅内，加足量清水，大
　 火煮沸后以小火煲至胡萝卜熟软，放猪肝再
　 煲沸，加盐调味。

汤品解说

胡萝卜能下气补中、安五脏、令人健食；红枣能
补中益气；猪肝有补肝明目、养血的功效。本品
能清肝明目、增强记忆力，适合儿童食用。

南瓜核桃猪肉汤

原料

南瓜·······························200 克

猪肉·······························150 克

核桃仁·······························10 克

红枣、盐、鸡精、高汤各适量

做法

❶ 南瓜洗净，去皮，切成方块；猪肉洗净，切块；红枣、核桃仁洗净，备用。

❷ 锅中注水烧开后加入猪肉，汆去血水后捞出，备用。

❸ 另起砂煲，将南瓜、猪肉、核桃仁、红枣放入煲内，注入高汤，以小火煲煮1.5小时后调入盐、鸡精调味即可。

汤品解说

本品有和胃消食的功效，适合有食积腹胀、食欲不振、便秘等症的儿童食用。

木瓜银耳猪骨汤

原料

木瓜·······························100 克

银耳·······························10 克

猪骨·······························150 克

盐、香油各适量

做法

❶ 木瓜去皮，洗净切块；银耳洗净，泡发撕片；猪骨洗净，斩块。

❷ 热锅入水烧沸，下猪骨汆烫，捞出洗净。

❸ 将猪骨、木瓜放入瓦煲，注入水，以大火烧沸后下银耳，改用小火炖煮2小时，加盐、香油调味即可。

汤品解说

木瓜有祛风除湿、通经络的功效；猪骨可补钙壮骨；银耳益气清肠，能增强抵抗力。三者一同食用，能为孩子提供丰富的营养。

杏仁牛奶核桃饮

原料

杏仁···9 克
核桃仁···20 克
牛奶···200 毫升
蜂蜜适量

蜂蜜：清热润燥、止痛解毒

做法

❶ 将杏仁、核桃仁放入清水中洗净，与牛奶一起放入炖锅中。

❷ 加适量清水后将炖锅置于火上烧沸，再用小火煎煮20分钟即可关火。

❸ 待牛奶稍凉后，放入适量蜂蜜搅拌均匀即可饮用。

汤品解说

本品具有润肠通便、益智补脑的功效，能促进儿童智力增长、加强记忆力，还能有效改善儿童习惯性便秘的症状。

天麻鱼头汤

原料

鱼头·······················1 个
天麻·······················15 克
茯苓·······················2 片
枸杞·······················10 克
姜片、葱段、米酒、盐各适量

做法

❶ 将天麻、茯苓洗净，一同入锅，加5碗水，煎汤，熬至剩3碗。
❷ 将鱼头用开水汆烫，捞起备用。
❸ 将鱼头和姜片放入煮沸的天麻、茯苓汤中，待鱼头煮至将熟，放入枸杞、米酒，再稍煮片刻，放入葱段，加盐调味即可。

汤品解说

天麻可平肝潜阳、息风定惊；茯苓益脾和胃、宁心安神，适宜与其他食材配伍。此汤能改善眩晕、急慢惊风、小儿惊痫动风等症。

茸杞红枣鹌鹑汤

原料

鹿茸·······················3 克
枸杞·······················30 克
红枣·······················5 颗
鹌鹑·······················2 只
盐适量

做法

❶ 将鹿茸、枸杞洗净；红枣浸软，洗净去核。
❷ 将鹌鹑宰杀，去毛及内脏，斩件，汆水。
❸ 将以上原料放入炖盅内，加适量清水，隔水以小火炖2小时，加盐调味即可。

汤品解说

鹿茸能促进骨骼生长发育、提高机体工作能力，有效缓解疲劳、改善睡眠，对小儿发育不良、囟门不合、行迟齿迟等有促进作用。

陈皮暖胃肉骨汤

原料

排骨·····························200 克
绿豆······························50 克
陈皮······························10 克
姜、盐、鸡汤、胡椒粉各适量

做法

❶ 将排骨洗净，切块，氽水；绿豆洗净，用温水浸泡；陈皮洗净，切丝；姜洗净，切片。

❷ 锅置火上，倒入鸡汤，放入排骨、绿豆、陈皮和姜片，以大火煮开，转小火续炖2小时，加盐、胡椒粉调味即可。

汤品解说

本品可理气健脾、开胃消食。对儿童出现的食欲不振、食积腹胀、消化不良等症状有很好的食疗效果，能有效促进儿童的发育成长。

莲藕菱角排骨汤

原料

菱角、莲藕·····················各300 克
胡萝卜···························50 克
排骨····························400 克
盐、白醋各适量

做法

❶ 排骨斩块，氽烫，捞起洗净；莲藕削皮，洗净切片；胡萝卜洗净，切块。

❷ 将菱角氽烫，捞起，剥净外表皮膜。

❸ 将排骨、莲藕片、菱角、胡萝卜放入锅内，加水盖过材料，加入白醋，以大火煮沸，转小火炖40分钟，加盐调味即可。

汤品解说

莲藕清热消痰，排骨有健骨补钙的功效。常食此汤可补充儿童所必需的骨胶原等物质，增强骨髓造血功能，强健骨骼。

菠萝银耳红枣甜汤

原料
菠萝 ·································125 克
水发银耳 ···························· 20 克
红枣 ································· 8 颗
白糖适量

做法
❶ 菠萝去皮，洗净，切块；水发银耳洗净，摘成小朵；红枣洗净，备用。
❷ 汤锅上火倒入水，下入菠萝、水发银耳、红枣煲至熟，调入白糖搅匀即可食用。

汤品解说
菠萝解暑止渴、消食止泻，银耳润肺生津、益气安神。此汤具有滋阴去燥、补血润肺的功效，是益气神、强心脑的佳品。对儿童的健康成长十分有益。

龟板杜仲猪尾汤

原料
龟板 ······························· 25 克
炒杜仲 ······························ 5 克
猪尾 ······························ 600 克
盐适量

做法
❶ 将猪尾剁段洗净，氽烫捞起，再冲净。
❷ 将龟板、炒杜仲均洗净。
❸ 将上述材料盛入炖锅，加适量清水以大火煮沸，转小火炖40分钟，加盐调味即可。

汤品解说
杜仲具有补肝肾、强筋骨的功效。此汤可益肾健骨、壮腰强筋，能增强身体平衡能力、提高免疫力，对儿童的健康成长十分有益。

生地乌鸡汤

原料

生地、丹皮·························· 各15克
午餐肉······························100 克
乌鸡·································1 只
红枣、骨头汤、姜、葱、盐、味精、料酒各适量

乌鸡：滋阴补肾、退热补虚

做法

❶ 将生地、丹皮、红枣洗净沥水；午餐肉切块；姜洗净切片；葱洗净切段。

❷ 乌鸡去内脏及爪尖，切块，入开水中氽去血水，捞出洗净。

❸ 将骨头汤倒入净锅中，放入乌鸡块、午餐肉、生地、丹皮、红枣、姜片，烧沸后加入盐、料酒、味精、葱段调味即可。

汤品解说

乌鸡所含有的不饱和脂肪酸DHA、锌、胶原蛋白相对较高，对提高儿童年免疫力、智力、促进生长发育具有至关重要的作用。故本汤品对儿童的成长大有助益。

参麦五味乌鸡汤

原料

人参片·····································15 克
麦冬、五味子··························各20 克
乌鸡腿·······································1 只
盐适量

做法

1. 将乌鸡腿洗净剁块，入开水氽去血水备用；
药材洗净。
2. 将乌鸡腿及所有药材放入煮锅中，加适量水
直至盖过所有的材料。
3. 以大火煮沸，然后转小火续煮30分钟左
右，快熟前加盐调味，即可食用。

汤品解说

人参可补五脏、开心益智；麦冬可养阴生津、
润肺清心；五味子有滋补强壮之功效；乌鸡更
是能促进生长发育。本品有健脾益肺的功效，
对儿童生长发育有很好的效果。

牛奶炖花生

原料

花生米·····································100 克
枸杞、银耳·····························各20 克
牛奶·····································1 500 毫升
冰糖适量

做法

1. 将银耳、枸杞、花生米均洗净。
2. 锅上火，倒入牛奶，加入银耳、枸杞、花生
米，煮至花生米烂熟；调入冰糖融化，即可
食用。

汤品解说

花生米含有蛋白质、多种维生素等营养成分，
有益智的功效；牛奶含有丰富的矿物质，尤其
是人体钙的最佳来源。故本品有生津润肠、健
脑益智的功效。

四季当令养生汤

中医传统经典《黄帝内经》指出："四时阴阳者，万物之根本也，所以圣人春夏养阳，秋冬养阴，以从其根。"由此可见，顺应四时的养生观念早在几千年前就为善养生者所推崇了。

本章集中介绍的几十种汤品，各有其不同的保健功效，与天时四季均有一定关系，希望读者能从中有所收获。

党参枸杞猪肝汤

原料
党参、枸杞⋯⋯⋯⋯⋯⋯⋯⋯⋯⋯⋯ 各15克
猪肝⋯⋯⋯⋯⋯⋯⋯⋯⋯⋯⋯⋯⋯ 200克
盐、葱花、各适量

做法
❶ 将猪肝洗净切片，汆水后备用；将党参、枸杞用温水洗净后备用。
❷ 净锅上火倒入水，将猪肝、党参、枸杞一同放入锅中煲至熟，加盐、撒上葱花即可。

红枣核桃乌鸡汤

原料
核桃仁⋯⋯⋯⋯⋯⋯⋯⋯⋯⋯⋯⋯ 20克
乌鸡⋯⋯⋯⋯⋯⋯⋯⋯⋯⋯⋯⋯⋯ 250克
红枣、姜、盐各适量

做法
❶ 将乌鸡洗净，斩块汆水；红枣、核桃仁洗净备用；姜洗净切片。
❷ 净锅上火倒入水，调入盐、姜片，下入乌鸡、红枣、核桃仁；煲至乌鸡熟烂即可。

阿胶黄芪红枣汤

原料
阿胶⋯⋯⋯⋯⋯⋯⋯⋯⋯⋯⋯⋯⋯ 10克
黄芪、红枣⋯⋯⋯⋯⋯⋯⋯⋯⋯⋯ 各18克
盐适量

做法
❶ 将黄芪、红枣分别洗净，备用；将阿胶洗净，切成小块。
❷ 锅内注入适量清水，以大火煮沸后，放入黄芪、红枣，以小火煮1分钟；再放入阿胶，煮至阿胶熔化后，加盐调味即可。

丝瓜猪肝汤

原料

丝瓜·······························250 克
熟猪肝·····························75 克
枸杞、高汤、盐各适量

做法

① 将丝瓜去皮，洗净切片；熟猪肝切片备用。
② 净锅上火倒入高汤，下入熟猪肝、丝瓜煲至熟，调入盐、撒上枸杞即可。

苍术蔬菜汤

原料

鱼腥草、苍术、绿豆芽 ··················各10 克
萝卜、西红柿、玉米笋 ··················各200 克
盐适量

做法

① 将鱼腥草、苍术洗净后与800毫升清水置入锅中，以小火煮沸，滤取药汁备用。
② 萝卜去皮洗净，刨丝；西红柿去蒂洗净，切片；玉米笋洗净切片；绿豆芽洗净。
③ 将药汁放入锅中，加入全部蔬菜煮熟，放入盐调味即可。

草果草鱼汤

原料

草果、桂圆·························各50 克
草鱼·····························300 克
高汤、葱、姜、盐、味精、胡椒粉各适量

做法

① 将草鱼洗净切块；将草果洗净，去皮、核，切块；桂圆洗净备用；葱、姜洗净切末。
② 净锅上火倒入油，将葱末、姜末爆香，下入草鱼微煎，倒入高汤、盐、味精、胡椒粉。
③ 煮沸后下入草果、桂圆煲至熟即可。

西洋参瘦肉汤

原料

海底椰·····························150 克
西洋参、川贝母 ··················· 各10 克
猪瘦肉·····························400 克
蜜枣······························· 2 颗
盐适量

做法

❶ 海底椰、西洋参、川贝母洗净；将猪瘦肉洗净切块，氽水。
❷ 将海底椰、西洋参、川贝母、猪瘦肉、蜜枣放入煲内，注入开水700毫升，加盖煲4小时，加盐调味即可。

汤品解说

海底椰有滋阴润肺、除燥清热的功效，川贝可润喉止咳，西洋参可补气养阴、清热生津。此汤能清热化痰、滋阴补虚，提高免疫力。适合在春季食用。

玉竹沙参焖老鸭

原料

玉竹、沙参·····················各50 克
老鸭··························1 只
葱、姜、盐各适量

做法

❶ 将老鸭洗净斩件；姜去皮切片，葱切花。
❷ 砂锅内加水适量，放入老鸭、沙参、玉竹、姜片，用大火烧沸。
❸ 再改用小火煮1小时至熟烂，加入葱花、盐调味即可。

汤品解说

玉竹能养阴润燥、除烦止渴，沙参可润肺养阴、健脾和胃。二者与鸭肉同食，具有滋阴润肺、养阴生津、凉血补虚等功效。

柴胡秋梨汤

原料

柴胡 …………………………………… 20 克
秋梨 ……………………………………1 个
红糖适量

做法

❶ 将柴胡、秋梨分别洗净，并将秋梨切成块，
　备用。
❷ 把柴胡、秋梨放入锅内，加入适量的清水，
　先用大火煮沸，再改小火煎15分钟。
❸ 滤去渣，加红糖调味即可。

汤品解说

柴胡有和解表里、疏肝升阳的功效，秋梨可降
低血压、养阴清热。此汤有发散风热、滋阴润
燥的作用，适宜风热型流感患者改善症状。

马齿苋杏仁瘦肉汤

原料

鲜马齿苋 …………………………………100 克
杏仁 ……………………………………… 50 克
板蓝根 ……………………………………10 克
猪瘦肉 ……………………………………150 克
盐适量

做法

❶ 鲜马齿苋摘嫩枝洗净；猪瘦肉洗净，切块；
　杏仁、板蓝根洗净。
❷ 将马齿苋、杏仁、板蓝根、猪瘦肉放入锅
　内，加适量清水。
❸ 以大火煮沸后，改小火煲2小时，将板蓝根
　取出丢弃，加盐调味即可食用。

汤品解说

此汤可清热解毒、抗炎抑菌，适宜易发于春季
的流感、急性结膜炎等患者食用。

菖蒲猪心汤

原料

菖蒲·····························8 克
丹参、远志·······················各10 克
当归·····························5 片
红枣·····························6 颗
猪心·····························1 个
葱、盐各适量

菖蒲：化痰开窍、健脾利湿

做法

❶ 猪心洗净，去除血水，煮熟，捞出切片；
葱洗净切花。
❷ 将所有药材和红枣置入锅中加水熬煮汤。
❸ 将切好的猪心放入已熬好的汤中煮沸，加
盐、葱花调味即可。

汤品解说

菖蒲祛疫益智、强身健体，丹参祛淤止痛、活
血通经，与远志、当归等配伍，具有宁神益
志、开窍醒神的功效，适宜心烦失眠者在春季
食用。

灵芝黄芪猪蹄汤

原料

灵芝·······················8 克

黄芪、天麻···················各15 克

猪蹄·······················300 克

葱·························2 根

盐适量

做法

❶ 将天麻、灵芝、黄芪均洗净备用；葱洗净，切花。

❷ 将猪蹄洗净切块，用开水氽烫，去血水。

❸ 将所有中药材置于锅中煮汤，待沸，下猪蹄入锅中熬煮，再下葱花、盐调味即成。

汤品解说

灵芝是滋补圣品，黄芪补虚固表，天麻定风止惊。此汤有安神滋阴、补气健脾的功效，适宜中风日久、偏瘫在床、体质虚弱者食用。

桑枝鸡汤

原料

桑枝·······················60 克

薏米·······················10 克

羌活·······················8 克

老母鸡·······················1 只

盐适量

做法

❶ 将桑枝洗净，切成小段；薏米、羌活洗净备用；鸡宰杀，洗净，斩件。

❷ 桑枝、薏米、羌活与鸡肉共煮至烂熟汤浓，加盐调味即可。

汤品解说

桑枝祛风湿、利关节，薏米利水健脾，清热排脓，羌活祛风胜湿、散寒止痛。此汤能通经络、止痹痛，可治疗肩周或上肢关节疼痛等症。适宜在春天食用。

苦瓜炖蛤蜊

原料

苦瓜、蛤蜊……………………………各300克
姜、蒜、盐、味精各适量

做法

❶ 苦瓜洗净，剖开去子，切成长条；姜、蒜洗净切片。

❷ 锅中加水烧沸，下入蛤蜊煮至开壳后捞出，冲水洗净。

❸ 将蛤蜊、苦瓜一同放入锅中，加适量清水，以大火炖30分钟至熟后，加入姜片、蒜片、盐、味精调味即可。

蛋花西红柿紫菜汤

原料

百合……………………………………15 克
紫菜……………………………………100 克
西红柿、鸡蛋…………………………各50 克
盐适量

做法

❶ 紫菜泡发，洗净；百合洗净；西红柿洗净，切块；鸡蛋打散。

❷ 锅置于火上，注水烧至沸时，加入油，放入紫菜、百合、西红柿，倒入鸡蛋；再煮至沸时，加盐调味即可。

乌梅银耳鲤鱼汤

原料

银耳……………………………………100 克
鲤鱼……………………………………300 克
乌梅、姜片、盐各适量

做法

❶ 鲤鱼洗净；银耳泡发洗净，撕小朵。

❷ 锅置火上放入油，下鲤鱼、姜片，将鱼煎至金黄。

❸ 将鲤鱼、银耳、乌梅和适量水一起放入炖锅中，以中火炖1小时汤色转为奶色时，加盐调味即可。

人参糯米鸡汤

原料

人参······················· 8 克
红枣、糯米·················各20 克
鸡腿·······················1 只
盐适量

做法

① 糯米淘洗干净，用清水泡1小时，沥干；人参洗净，切片；红枣洗净；鸡腿剁块，洗净，氽烫后捞起，再冲净。

② 将糯米、鸡块和人参片、红枣一起盛入炖锅，加水适量，以大火煮沸后转小火炖至肉熟米烂，加盐调味即可。

汤品解说

人参为著名的强壮滋补药，有补气固脱、生津安神、益智的功效；糯米具有补中益气、健脾养胃、止虚汗的功效。本品具有补气养血、敛汗固表、安神助眠的功效。

半夏薏米汤

原料

半夏、百合················· 各15 克
薏米·······················100 克
盐、冰糖各适量

做法

① 将半夏、薏米洗净；百合洗净，备用。

② 锅中加水烧沸，倒入薏米煮至沸腾，再倒入半夏、百合煮至熟；最后加入盐、冰糖，拌匀即可。

汤品解说

半夏具有燥湿化痰、降逆止呕的作用；薏米具有利水、健脾、除痹、清热排脓的功效。本品具有健脾化湿、滋阴润肺、止咳化痰的功效。适合春季食用。

藿香鲫鱼汤

原料
藿香···15 克
鲫鱼···1 条
盐适量

做法
❶ 将鲫鱼宰杀剖开，洗净；藿香洗净。
❷ 将鲫鱼和藿香放于碗中，加入盐调味，再放入锅内清蒸至熟便可食用。

汤品解说
藿香有和中止呕、发表解暑的作用。此汤能消热祛暑、利水渗湿，对受暑湿邪气而导致的头痛、恶心呕吐、口味酸臭等症有食疗作用。

莲藕绿豆汤

原料
杏仁·······································30 克
莲藕·······································150 克
绿豆·······································35 克
盐适量

做法
❶ 将莲藕洗净去皮，切块；绿豆淘洗干净，备用；杏仁洗净，备用。
❷ 净锅上火倒入水，下入莲藕、绿豆、杏仁煲至熟；最后调入盐搅匀即可。

汤品解说
杏仁止咳平喘、润肠通便，绿豆能清凉解毒、利尿明目。此汤有清热消暑、滋阴凉血的功效，夏季多食可预防中暑。

补骨脂芡实鸭汤

原料

补骨脂⋯⋯⋯⋯⋯⋯⋯⋯⋯⋯⋯⋯⋯⋯15 克
芡实⋯⋯⋯⋯⋯⋯⋯⋯⋯⋯⋯⋯⋯⋯⋯ 50 克
鸭肉⋯⋯⋯⋯⋯⋯⋯⋯⋯⋯⋯⋯⋯⋯⋯ 300 克
盐适量

做法

❶ 将鸭肉洗净切块，放入开水中氽去血水，捞
  出备用。
❷ 将芡实、补骨脂分别洗净，与鸭肉一起盛入
  锅中，加入适量清水。
❸ 用大火将汤煮沸，再转小火续炖约30分
  钟，快煮熟时加盐调味即可。

汤品解说

补骨脂可补肾壮阳、固精缩尿，芡实能固肾涩
精、补脾止泄。二者与鸭肉同食，有补肾健
脾、涩肠止泻的功效。本品适宜夏季易发腹泻
者食用。

芡实山药猪肚汤

原料

芡实、山药⋯⋯⋯⋯⋯⋯⋯⋯⋯⋯各50 克
猪肚⋯⋯⋯⋯⋯⋯⋯⋯⋯⋯⋯⋯⋯1 000 克
蒜、姜、盐各适量

做法

❶ 将猪肚去脂膜，洗净，切块。
❷ 将芡实洗净，备用；山药去皮，洗净切片；
  蒜去皮洗净；姜洗净切片。
❸ 将以上原料放入锅内，加水煮2小时，至蒜
  煮烂、猪肚熟，加盐调味即可。

汤品解说

芡实开胃助气、止渴益肾，山药食药两用。此
汤能健脾止泻、涩肠抗菌，对因饮食不洁引起
的细菌性腹泻、大便异常等症有食疗作用。适
宜夏季易发腹泻者食用。

芡实莲子薏米汤

原料

芡实、薏米、干品莲子 ················· 各100 克
茯苓、山药 ···························· 各40 克
猪小肠 ································· 500 克
盐、米酒各适量

做法

❶ 将猪小肠洗净，氽烫，捞出剪段。
❷ 将芡实、薏米、莲子、茯苓、山药洗净，与
   猪小肠一起入锅，加水至没过所有材料。
❸ 用大火煮沸，再用小火炖煮约30分钟，快
   熟时加入盐调味，淋上米酒即可。

汤品解说

本品具有养心益肾、补脾止泻的功效。适宜夏
季易发腹泻的患者食用。

白及煮鲤鱼

原料

白及 ································· 15 克
鲜马齿苋 ····························· 100 克
鲤鱼 ·································· 1 条
蒜、盐各适量

做法

❶ 将鲤鱼去鳞、鳃及内脏，洗净切成段；蒜去
   皮洗净，切片；鲜马齿苋洗净，备用。
❷ 将鲤鱼与蒜片、白及、鲜马齿苋一同煮汤，
   鱼肉熟后加盐即可食用。

汤品解说

本品能解毒消肿、排脓止血，对细菌性痢疾引
起的各种症状有食疗作用。适宜夏季食用。

灵芝猪心汤

原料

灵芝 ·· 20 克
猪心 ···1 个
姜、盐、香油各适量

做法

1. 将猪心剖开，洗净，切片；灵芝去柄，洗净切碎，一起放入瓷碗中；姜洗净切片。
2. 瓷碗内加入姜片、盐和300毫升清水。
3. 将瓷碗放入锅内盖好，隔水蒸至熟烂，淋入香油即可。

汤品解说

灵芝能补血益气、养心安神，与猪心配伍，有益气养心、健脾安神的功效。本品对由夏季天气炎热引起的心律失常、气短乏力、心悸等症有较好的食疗作用。

青橄榄炖水鸭

原料

水鸭 ···1 只
猪肉 ··· 250 克
金华火腿 ·· 30 克
青橄榄、花雕酒、姜块、盐、鸡精、味精、浓缩鸡汁各适量

做法

1. 将水鸭洗净，在背部开刀；将猪肉和金华火腿洗净后切成粒状。
2. 将猪肉、水鸭氽水去血污，捞出洗净后加入金华火腿、青橄榄、姜块、花雕酒，装入炖盅内炖4小时。
3. 将炖好的汤加入剩余原料调味即可。

汤品解说

本品具有清热利咽、生津止渴、润肺止咳的功效。适合在秋季食用。

莲子百合汤

原料

百合、莲子······························各50 克
黑豆······································300 克
冰糖、鲜椰汁各适量

做法

❶ 莲子洗净浸泡，再煲煮15分钟，倒出冲洗；百合浸泡，洗净；黑豆洗净，用开水浸泡1小时以上，倒出冲洗，备用。

❷ 水烧沸，放入黑豆，用大火煲半小时，再放入莲子、百合，改小火煲1.5小时；加冰糖，待溶后放入鲜椰汁即成。

蜜橘银耳汤

原料

银耳·······································20 克
蜜橘······································200 克
白糖、水淀粉各适量

做法

❶ 将银耳泡发后洗净放入碗内，上笼蒸1小时后取出。

❷ 蜜橘剥皮去筋，只剩净蜜橘肉；将汤锅置于旺火上，加入适量清水，将蒸好的银耳放入汤锅内，再放入蜜橘肉、白糖煮沸。

❸ 用水淀粉勾芡，待汤再沸时即可。

莲子牡蛎鸭汤

原料

蒺藜子、芡实、莲须、鸭肉、牡蛎、鲜莲子、盐各适量

做法

❶ 将蒺藜子、莲须、牡蛎洗净放入棉布袋中，扎紧袋口。

❷ 将鸭肉汆烫，捞出；鲜莲子、芡实冲净。

❸ 将鸭肉、鲜莲子、芡实及棉布袋放入锅中，加适量水以大火煮沸，转小火续炖至鸭肉熟烂，取出棉布袋丢弃，加盐调味即可。

猪肚银耳西洋参汤

原料

西洋参·······················25 克
乌梅··························3 颗
猪肚·························250 克
银耳·························100 克
盐适量

做法

1. 银耳以冷水泡发，去蒂；乌梅、西洋参洗净备用。
2. 将猪肚刷洗干净，氽水，切片。
3. 将猪肚、银耳、西洋参、乌梅和适量水以小火煲2小时，再加盐调味即可。

汤品解说

西洋参有益肺阴、清虚火、生津止渴的功效，银耳益气清肠、滋阴润肺。此汤补气养阴、清火生津，是秋季的养生佳品。

天冬参鲍汤

原料

天冬、太子参··················各50 克
鲍鱼·························100 克
猪瘦肉························250 克
桂圆、盐、味精各适量

做法

1. 将鲍鱼氽烫，洗净；猪瘦肉洗净，切块。
2. 将天冬、太子参、桂圆均洗净。
3. 把天冬、太子参、桂圆、鲍鱼、猪瘦肉放入炖盅内，加开水适量，盖好，隔水以小火炖3小时，最后放入盐、味精调味即可。

汤品解说

天冬养阴清热、润肺滋肾，太子参补益脾肺、益气生津，鲍鱼滋阴补阳、补而不燥；此汤有补气养阴、生津止渴的功效。适合秋季食用。

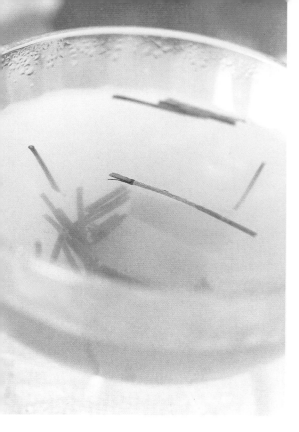

麻黄饮

原料

麻黄······9 克
姜······30 克

做法

❶ 将麻黄洗净；姜洗净，切片。
❷ 将麻黄加适量水煎煮半小时。
❸ 加入姜片续煮半小时即可。

汤品解说

本品具有发散风寒、辛温暖胃、宣肺止咳等功效，适宜肺气喘急患者在秋季食用。

核桃山药蛤蚧汤

原料

核桃仁、山药······各30 克
蛤蚧······1 只
猪瘦肉······200 克
蜜枣、盐各适量

做法

❶ 核桃仁、山药洗净，浸泡；猪瘦肉、蜜枣洗净，猪瘦肉切块。
❷ 将蛤蚧除去竹片，刮去鳞片，洗净，浸泡。
❸ 将适量清水放入瓦煲内，水沸后加入核桃仁、山药、蛤蚧、猪瘦肉、蜜枣，以大火煲沸后，改小火煲3小时，加盐调味即可。

汤品解说

核桃仁补肾温肺，山药补脾养胃、生津益肺，蛤蚧补肺止咳。此汤有滋阴补阳、益肺固肾、定喘纳气的功效。适合在秋季食用。

人参鹌鹑蛋

原料

黄精 ·····························10 克
人参 ······························ 6 克
鹌鹑蛋 ···························12 个
高汤、白糖、盐、味精、酱油各适量

做法

① 将人参洗净煨软，收取滤液；黄精洗净，用水煎两遍，取其浓缩液与人参液调匀。

② 鹌鹑蛋煮熟去壳，一半与上述调匀液、盐、味精腌渍15分钟；另一半用油炸成金黄色。

③ 把高汤、白糖、酱油、味精等兑成汁，再将鹌鹑蛋同兑好的汁一起下锅翻炒即可。

汤品解说

人参能补气固脱、生津安神，黄精补脾益气、润肺生津，鹌鹑蛋补益气血、强身健脑。此汤有平衡阴阳、健脾益肺、强壮身体的功效。适合秋季食用。

四宝炖乳鸽

原料

山药、银杏 ·····················各50 克
枸杞 ·····························15 克
乳鸽 ······························1 只
香菇 ·····························40 克
清汤、葱段、姜片、料酒、盐各适量

做法

① 将乳鸽洗净，剁块；山药洗净，切成小滚刀块，与乳鸽块一起焯水；香菇泡发洗净；银杏、枸杞洗净。

② 清汤置锅中，放入所有原料，上火蒸约2小时，去葱、姜即成。

汤品解说

山药药食两用，银杏可抑菌杀菌，香菇能提高抵抗力，枸杞滋阴润肺。此汤具有补气健脾、滋阴固肾、平衡阴阳的功效。适合秋季食用。

灵芝肉片汤

原料

党参……………………………………………10 克
灵芝……………………………………………12 克
猪瘦肉…………………………………………150 克
葱花、姜片、盐、香油各适量

做法

1. 将猪瘦肉洗净、切片；党参、灵芝洗净，用温水略泡备用。
2. 净锅上火倒油，将葱花、姜片爆香，放入肉片煸炒，倒入水烧沸。
3. 再放入党参、灵芝，调入盐煲至熟，淋入香油即可。

汤品解说

党参可补中益气、健脾益肺、养血生津，灵芝补气安神、止咳平喘。此汤具有益气安神、健脾养胃的功效，适合秋季食用。

沙参玉竹煲猪肺

原料

沙参、玉竹…………………………… 各15 克
猪肺……………………………………………1 个
猪腱肉…………………………………………180 克
蜜枣、姜、盐各适量

做法

1. 用清水略冲洗沙参、玉竹，沥干切段；猪腱肉洗净，切成小块后汆水；蜜枣洗净备用；猪肺洗净后切成块；姜洗净切片。
2. 把沙参、玉竹、蜜枣、猪肺、猪腱肉、姜片放入锅中，加入适量清水煲沸，改小火煲至汤浓，加盐调味即可。

汤品解说

沙参可清热养阴、润肺止咳，玉竹能养阴润燥、清热生津。此汤有润燥止咳、补肺养阴的功效，适合秋季食用。

菊花桔梗雪梨汤

原料

菊花···5 朵
桔梗···10 克
雪梨··1 个
冰糖适量

做法

① 将菊花、桔梗洗净，加适量水煮沸，转小火继续煮10分钟，去渣留汁，加入冰糖搅匀后，盛出待凉。
② 将雪梨洗净削皮，梨肉切丁备用。
③ 将切丁的梨肉加入已凉的甘菊水即可。

汤品解说

菊花护肝明目、清热祛火，桔梗宣肺利咽、祛痰排脓，二者与雪梨搭配，可开宣肺气、清热解毒，能辅助治疗秋燥咳嗽、咽喉肿痛等症。

灯芯草雪梨汤

原料

灯芯草···15 克
薏米···30 克
雪梨··1 个
冰糖适量

做法

① 将雪梨洗净，去皮、核，切块；将灯芯草、薏米洗净备用。
② 锅内注入适量水，放入灯芯草、薏米，以小火煎沸。
③ 煎约20分钟后，加入雪梨块、冰糖，再煮沸即成。

汤品解说

本品可清热滋阴、利水通淋，能用于前列腺炎伴阴虚口干舌燥、小便短赤等症的辅助治疗。亦适宜秋季食用。

菟杞红枣炖鹌鹑

原料

菟丝子、枸杞……………………………各10 克
红枣……………………………………… 5 颗
鹌鹑………………………………………1 只
料酒、盐、味精各适量

做法

❶ 鹌鹑去毛、内脏,洗净,斩件,入开水锅中
氽烫去血污;菟丝子、枸杞、红枣均洗净,
用温水浸透,并将红枣去核。

❷ 将以上用料连同适量开水倒进炖盅,加入料
酒,盖上盅盖,以大火炖30分钟,后用小
火炖1小时,最后用盐、味精调味即可。

汤品解说

菟丝子能补肾益精、养肝明目,枸杞可滋阴润
肺、补虚益精。此汤具有滋补肝肾、益气补
血、藏精固本的功效。适宜冬季食用。

巴戟黑豆鸡汤

原料

巴戟天、胡椒粒 …………………… 各15 克
黑豆………………………………………100 克
鸡腿………………………………………150 克
盐适量

做法

❶ 将鸡腿剁块,放入开水中氽烫,捞出洗净。

❷ 将黑豆淘净,和鸡腿、巴戟天、胡椒粒一起
放入锅中,加水至盖过材料。

❸ 以大火煮沸,再转小火续炖40分钟,加盐
调味即可食用。

汤品解说

本品具有补肾阳、强筋骨的功效,适宜在冬季
食用。

海马汤

原料

海马 ·· 2 只
枸杞 ···15 克
红枣 ·· 5 颗
姜 ·· 2 片

做法

❶ 将枸杞、红枣均洗净；海马泡发，洗净。
❷ 将所有材料加水煎煮30分钟即可。

汤品解说

本品具有温阳益气、补肾滋阴等功效，适宜在冬季食用。

荠菜四鲜宝

原料

杏仁 ·· 30 克
白芍 ···15 克
荠菜 ·· 50 克
虾仁 ···100 克
盐、鸡精、料酒、淀粉各适量

做法

❶ 将杏仁、白芍、荠菜、虾仁均洗净，然后切丁备用。
❷ 将虾仁用盐、料酒、鸡精、淀粉上浆后，入四成热油中滑炒备用。
❸ 锅中加入清水，将杏仁、白芍、荠菜、虾仁放入锅中煮熟后，再加盐调味即可。

汤品解说

本品具有宣肺止咳、敛阴止痛、疏肝健脾的功效，适宜冬季食用。

花椒羊肉汤

原料

花椒⋯⋯⋯⋯⋯⋯⋯⋯⋯⋯ 3 克
当归⋯⋯⋯⋯⋯⋯⋯⋯⋯⋯ 20 克
姜块⋯⋯⋯⋯⋯⋯⋯⋯⋯⋯ 15 克
羊肉⋯⋯⋯⋯⋯⋯⋯⋯⋯⋯ 500 克
盐、味精、胡椒各适量

花椒：温中散寒、止痒祛腥

做法

1 将羊肉洗净，切块。

2 将花椒、姜块、当归洗净，和羊肉块一起置入砂锅中。

3 加水煮沸，再用小火炖1小时，用味精、盐、胡椒调味即成。

汤品解说

花椒可温中散寒、健胃除湿、解毒理气、止痒祛腥；当归能补血活血、润燥滑肠；羊肉益肾健脑、养血补肝。几者合用，具有暖中补虚、益肾壮阳的功效，适用于阳气虚、怕冷、脾胃虚寒的冻疮患者食用。

当归山楂汤

原料

当归、山楂·························· 各15 克
红枣································10 克

做法

❶ 将红枣泡发，洗净；山楂、当归洗净。
❷ 将红枣、当归、山楂一起放入砂锅中。
❸ 在砂锅内加适量清水煮沸，改小火煮1小时即可。

汤品解说

当归可活血止血、健胃益脾，红枣补中益气。此汤具有行气活血、温里散寒的功效，可用于冻疮、腹部冷痛等症。

辛夷花鹧鸪汤

原料

辛夷花······························ 25 克
蜜枣································ 3 颗
鹧鸪································ 1 只
盐适量

做法

❶ 将辛夷花、蜜枣洗净。
❷ 将鹧鸪宰杀，去毛和内脏，洗净，斩件氽水。
❸ 将辛夷花、蜜枣、鹧鸪放入炖盅内，加适量清水，以大火煮沸后改小火煲2小时，加盐调味即可。

汤品解说

辛夷花有发散风寒、宣通鼻窍的功效，常用于治疗外感风寒、恶寒发热者。此汤对鼻炎有较好的食疗辅助效果。亦适于冬季食用。

丝瓜络煲猪瘦肉

原料

丝瓜络⋯⋯⋯⋯⋯⋯⋯⋯⋯⋯⋯⋯100 克
猪瘦肉⋯⋯⋯⋯⋯⋯⋯⋯⋯⋯⋯⋯ 60 克
盐适量

做法

❶ 将丝瓜络洗净；猪瘦肉洗净，切块。
❷ 将丝瓜络、猪瘦肉同放锅内煮汤，快熟时加
　少许盐调味。

汤品解说

丝瓜络有通经活络、清热解毒、利尿消肿的功
效。此汤能清热消炎、解毒通窍，可用于治疗
肺热鼻燥引起的鼻炎、干咳等症。亦适于冬季
食用。

车前子田螺汤

原料

车前子⋯⋯⋯⋯⋯⋯⋯⋯⋯⋯⋯ 50 克
红枣⋯⋯⋯⋯⋯⋯⋯⋯⋯⋯⋯⋯10 颗
田螺⋯⋯⋯⋯⋯⋯⋯⋯⋯⋯⋯1 000 克
盐适量

做法

❶ 先用清水浸养田螺1~2天，经常换水以漂去
　污泥，洗净，钳去尾部。
❷ 将车前子洗净，用纱布包好；红枣洗净。
❸ 将纱布袋、红枣、田螺放入开水锅内，以大
　火煮沸，改小火煲2小时，加盐调味即可。

汤品解说

本品具有利水通淋、清热祛湿的功效。可用于
治疗膀胱湿热、小便短赤、涩痛不畅等症。亦
适于冬季食用。

薏米瓜皮鲫鱼汤

原料

冬瓜皮……………………………………… 60 克
薏米………………………………………… 30 克
鲫鱼……………………………………… 250 克
姜片、盐各适量

做法

❶ 将鲫鱼剖洗干净，去内脏、去鳃；冬瓜皮、
   薏米分别洗净。

❷ 将冬瓜皮、薏米、鲫鱼、姜片放进汤锅内，
   加适量清水，盖上锅盖。

❸ 用中火烧沸，转小火再煲1小时，加盐调味
   即可。

汤品解说

薏米和冬瓜均有利尿通淋、清热解毒的功效，
鲫鱼可补脾开胃、利水除湿。此汤可用于治疗
急性肾炎、小便涩痛、尿血等证。亦适于冬季
食用。

桂圆黑枣汤

原料

桂圆………………………………………… 50 克
黑枣………………………………………… 30 克
冰糖适量

做法

❶ 将桂圆去壳、去核，洗净备用；将黑枣洗
   净，备用。

❷ 锅中加水烧开，下入黑枣煮5分钟，然后加
   入桂圆。

❸ 一起煮25分钟后，再下入冰糖煮至溶化，即
   可食用。

汤品解说

本品可益脾胃、补气血、安心神，可辅助治疗
虚劳瘦弱、低血压、贫血、失眠等症。亦适合
冬季食用。

桑寄生竹茹鸡蛋汤

原料
桑寄生·····································40 克
竹茹·····································10 克
红枣······································ 8 颗
鸡蛋······································ 2 个
冰糖适量

做法
① 将桑寄生、竹茹均洗净；红枣洗净，去核，备用。
② 将鸡蛋煮熟，去壳备用。
③ 将桑寄生、竹茹、红枣放入锅中，加水以小火煲约90分钟，加入鸡蛋，最后加入冰糖煮沸即可。

汤品解说
桑寄生可祛风湿、益肝肾，竹茹可清热化痰。此汤具有舒筋活络、强腰膝、止痹痛的功效，适于冬季食用。

黄芪党参牛尾汤

原料
黄芪、党参、当归····················· 各10 克
牛尾······································1 条
牛肉·····································250 克
牛筋·····································100 克
红枣、枸杞、盐各适量

做法
① 将牛肉洗净，切块；牛筋用清水浸泡30分钟，再下水清煮15分钟；牛尾洗净，斩成寸段；所有药材均洗净。
② 锅内加水和除盐外的所有原料。
③ 用大火煮沸后，转小火煮2小时，加盐调味即可。

汤品解说
本品具有补肾养生、强腰壮膝、益气固精的功效，适于冬季食用。

五脏对症养生汤

　　五脏即心、肝、脾、肺、肾，是人体生命的核心，其中心主血脉、肺主气、肝主生发、脾主运化、肾主藏精，各显其能，缺一不可。所以，日常对身体五脏的补养尤为重要。养生汤品可以说是补养五脏的不二选择，本章集中介绍了几十种汤品，针对各脏器所导致的一些疾病均有疗效，总有一款适合你。

阿胶枸杞炖甲鱼

原料

甲鱼 ································· 1 只
山药 ································ 8 克
枸杞 ································ 6 克
阿胶 ······························ 10 克
清鸡汤 ························· 700 毫升
姜、料酒、盐、味精各适量

做法

❶ 将甲鱼宰杀，洗净，切成块；山药、枸杞用
温水浸透洗净；姜洗净切片。

❷ 将甲鱼、清鸡汤、山药、枸杞、姜片、料酒
置于炖盅，盖上盅盖，隔水炖。

❸ 待锅内水开后用中火炖2小时，放入阿胶后
再用小火炖30分钟，再调入盐、味精即可。

汤品解说

甲鱼补中益气；阿胶补血滋阴、润燥止血。此
汤有滋阴润燥、益气补虚的功效，对心悸失
眠、月经不调等症有较好的食疗作用。

阿胶猪皮汤

原料

猪皮 ··························· 500 克
阿胶 ···························· 10 克
花椒水、料酒 ·················各20 毫升
葱、姜、蒜、味精、酱油、盐、香油各适量

做法

❶ 阿胶和料酒同入碗，上蒸笼蒸化。

❷ 猪皮入锅煮透，刮洗干净，切条；葱、姜、
蒜洗净，葱切段，姜切片，蒜切末。

❸ 取2 000毫升开水、猪皮及阿胶、葱段、姜
片、花椒水、盐、味精、蒜末、酱油、料酒
同入锅，用大火烧沸，转慢火熬30分钟后
淋入香油即可。

汤品解说

此汤有补血安胎、养心安神的功效，能有效改
善孕妇心烦、失眠、五心烦热、胎动不安等症。

人参滋补汤

原料

人参 ·· 9 克
山鸡 ·· 250 克
姜、盐各适量

做法

❶ 将山鸡洗净，切成大小合适的块，余水；人参洗净备用；姜洗净切片。

❷ 汤锅上火，加水适量，放山鸡、人参、姜片、盐，一起煲至熟即可。

汤品解说

人参有养心益肾、益气养血、补肾益精的作用。此汤能增强免疫力，对体虚欲脱、久病虚赢、心源性休克均有很好的食疗作用。

当归桂圆猪腰汤

原料

当归 ·· 10 克
桂圆肉 ·· 30 克
猪腰 ··· 150 克
姜片、盐各适量

做法

❶ 猪腰洗净，切开，除去白色筋膜；当归、桂圆肉均洗净。

❷ 锅中注入水烧沸，入猪腰余水去除血沫，捞出切块。

❸ 煲内加入适量清水，大火煲滚后加入所有食材，改用小火煲2小时，最后加盐调味即可。

汤品解说

桂圆有养血安神、补血益气的功效；猪腰可理肾气、通膀胱、消积滞、止消渴。此汤适合失眠心悸、月经不调、肾阴虚者食用。

葡萄干红枣汤

原料

红枣 ··15 克
葡萄干 ·· 30 克

做法

❶ 葡萄干洗净备用，红枣去核洗净。
❷ 锅中加适量的水，大火煮沸后，先放入红枣煮10分钟，再放入葡萄干煮至枣烂即可。

汤品解说

红枣补血养心、安胎定神；葡萄干可补血补气，能缓解手脚冰冷等症。此汤对因血虚引起的胎动不安、少气懒言等均有很好的食疗作用。

桂圆山药红枣汤

原料

桂圆肉 ··· 60 克
山药 ··150 克
红枣 ··15 克
冰糖适量

做法

❶ 山药削皮洗净，切小块；红枣洗净。
❷ 汤锅内加3碗水煮沸后，放入山药块煮沸，再放红枣。
❸ 待山药熟透、红枣松软，放入桂圆肉继续煮至其香甜味入汤中即可熄火，加冰糖调味即可。

汤品解说

桂圆补虚健体，红枣益气补血，山药健脾和胃。三者合用，对病后体虚、脾胃虚弱、倦怠无力、食欲不振等症均有食疗作用。

益智仁鸭汤

原料

鸭肉 ·························· 250 克
鸭肾 ·························· 1 个
白术、益智仁 ·················· 各10 克
猪油、料酒、姜、葱、盐、味精各适量

做法

❶ 鸭肉洗净，切块；鸭肾处理干净，切成4块；姜洗净拍松，葱洗净切段。

❷ 汤锅上火，加猪油烧热，放入鸭肉、鸭肾、葱段、姜，爆炒5分钟，倒入料酒，再翻炒5分钟，盛入砂锅内。

❸ 加适量清水于此砂锅中，再放入益智仁、白术，小火炖3小时，最后放盐和味精调味。

汤品解说

白术有健脾益气、燥湿利水、止汗、安胎的功效；益智仁可温心脾、暖肾、固气、涩精。此汤可清肺解热、温补心脾。

益智仁猪骨汤

原料

益智仁 ·························· 5 克
猪尾骨 ·························· 400 克
萝卜、玉米、盐各适量

做法

❶ 益智仁洗净；猪尾骨洗净斩块，滚水汆烫，捞出；萝卜、玉米分别洗净切块。

❷ 锅中加清水煮沸，放益智仁、猪尾骨同煮约15分钟。

❸ 再将萝卜、玉米入锅续煮至熟，加入盐调味即可。

汤品解说

此汤具有补脑醒神、养血健骨的功效。对体质虚弱、腹部冷痛、吐泻、小便频数等症均有很好的食疗作用。

生地煲猪骨肉

原料

猪骨肉	500 克
生地	15 克
姜	50 克
盐、味精各适量	

做法

1. 猪骨肉洗净，切成小段；生地洗净；姜洗净，去皮，切成片。
2. 将猪骨肉放入炒锅中炒至断生，盛出备用。
3. 取一炖盅，放入猪骨肉、生地、姜片和适量清水，隔水炖1小时，最后加入盐、味精调味即可。

汤品解说

此汤具有滋阴清凉、凉血补血的功效，对骨蒸劳热、失眠多梦、五心发热、阴虚盗汗等症均有食疗作用。

莲子红枣花生汤

原料

莲子	20 克
红枣	15 克
花生	50 克
冰糖适量	

做法

1. 将莲子、花生、红枣分别洗净，备用。
2. 锅上火，加入适量清水，将莲子、花生、红枣放入锅中，以大火烧沸，撇去浮沫，再转小火慢炖10分钟，最后调入冰糖即可。

汤品解说

莲子清热降火、固精止带；红枣养心益肾；花生补脾止泄。此汤对心慌心悸、失眠健忘、脾虚带下、滑精等症均有食疗作用。

莲子猪心汤

原料

莲子 ·································· 20 克
红枣、枸杞 ······················· 各15 克
猪心 ································· 1 个
盐适量

做法

1. 将猪心洗净，放入锅中加水煮熟捞出，用清水冲洗干净，切成片。
2. 将莲子、红枣、枸杞分别洗净，泡发，备用。
3. 锅上火，加水适量，将莲子、红枣、枸杞、猪心片放入锅中，以小火煲2小时，最后加盐调味即可。

汤品解说

莲子和红枣均有补益心脾的功效，枸杞养血益气，猪心养心安神。此汤对心虚失眠、心烦气躁、惊悸自汗、精神恍惚等症均有食疗作用。

党参茯苓鸡汤

原料

鸡腿 ································· 1 只
党参 ································· 15 克
茯苓 ································· 10 克
红枣 ································· 8 颗
盐适量

做法

1. 鸡腿洗净剁块，入开水汆烫，捞起冲净；党参、茯苓、红枣均洗净。
2. 将鸡腿、党参、茯苓、红枣一起放入锅中，加适量水以大火煮沸，转小火续煮30分钟；起锅前加盐调味即可。

汤品解说

党参温中益气、养心安神；红枣补血益虚；茯苓渗湿利水、健脾和胃。此汤能有效改善气血不足、劳倦乏力、心神不安、惊悸失眠等症。

茯苓猪瘦肉汤

原料

猪瘦肉·······································400 克
茯苓··10 克
菊花、白芝麻、盐、鸡精各适量

做法

① 猪瘦肉洗净，切块，氽去血水；茯苓洗净，切片；菊花、白芝麻均洗净。

② 将猪瘦肉、茯苓、菊花放入炖锅中，加入适量清水，炖2小时，调入盐和鸡精，撒上白芝麻，关火，加盖焖一会儿即可。

汤品解说

猪瘦肉可滋阴润燥、补虚养血；茯苓可利水渗湿。此汤对水肿、目赤火旺、热病伤津、便秘、燥咳等患者均有较好的食疗作用。

酸枣仁黄豆炖鸭

原料

鸭···半只
黄豆··200 克
酸枣仁、夜交藤·······················各15 克
上汤、姜、盐、味精各适量

做法

① 将鸭收拾干净，切块；黄豆、酸枣仁、夜交藤均洗净备用；姜洗净切片。

② 将鸭块与黄豆一起下锅氽水，备用。

③ 将上汤倒入锅中，放入所有原料，一起炖1小时，最后加盐、味精调味即可。

汤品解说

酸枣仁可养肝宁心、安神敛汗；夜交藤养心安神、通络祛风。此汤有调节情绪的功效，能有效改善虚烦不眠、心烦易怒等症状。

桂枝红枣猪心汤

原料

猪心·····················半个
桂枝·····················5 克
党参·····················10 克
红枣·····················6 颗
盐适量

党参：补中益气、养血生津

做法

❶ 将猪心挤去血水，放入开水中汆烫，捞出洗净，切片。

❷ 桂枝、党参、红枣分别洗净放入锅中，加适量水，以大火煮沸，转小火续煮30分钟。

❸ 再转中火让汤汁沸腾，放入猪心片，待水再开，加盐调味即可。

汤品解说

桂枝可补元阳、通血脉、暖脾胃；党参可安神定惊；红枣可补血益气；猪心有补虚、安神定惊、养心补血的功效，可治心虚失眠、惊悸、自汗等症。几者搭配煲汤食用，对气血不足、气短心悸、心慌失眠等症均有食疗作用。

酸枣仁莲子炖鸭

原料

鸭肉块·····························200 克
莲子、莲须·······················各100 克
酸枣仁·····························15 克
芡实·······························50 克
猪骨肉、牡蛎·····················各10 克
盐适量

做法

❶ 将酸枣仁、猪骨肉、牡蛎、莲须一同放入棉布袋中，将袋口扎紧。

❷ 将鸭肉块放入开水中汆烫，捞起冲净；将莲子、芡实分别洗净，沥干。

❸ 将以上所有食材一起放入汤锅，加1 500毫升水以大火煮沸，转小火续煮40分钟，最后加盐调味即可。

汤品解说

此汤有宁心安神的功效，对五心烦躁、失眠多梦等症均有食疗作用。

红豆薏米汤

原料

红豆、薏米·····················各100 克
盐或白糖适量

做法

❶ 红豆洗净，清水浸泡2小时；薏米洗净，清水泡发半小时。

❷ 锅上火，加入500毫升清水，放入红豆、薏米，以大火烧沸后，转小火焖煮2小时，最后加入盐或白糖调味即可。

汤品解说

薏米可利水消肿、清热解毒；红豆有解毒排脓的功效。此汤对溃疡、尿路感染、痤疮、湿疹、痢疾等症均有食疗作用。

双枣莲藕炖排骨

原料

莲藕·······················600 克
排骨·······················250 克
红枣、黑枣···················各10 颗
盐适量

做法

① 排骨洗净剁块，氽烫去浮沫，捞起冲净。
② 将莲藕削皮，洗净，切成块；红枣、黑枣均洗净去核。
③ 将所有食材放入锅中，加水适量，煮沸后转小火炖约60分钟，加盐调味即可。

汤品解说

红枣补脾生津，黑枣消渴去热，莲藕滋阴益气。此汤有养血健骨、清热利湿、延缓衰老的功效，对贫血、高血压和肝硬化均有食疗作用。

苦瓜黄豆排骨汤

原料

排骨·······················150 克
苦瓜、黄豆、盐各适量

做法

① 排骨洗净，剁块；苦瓜去皮洗净，切大块；黄豆洗净，浸泡20分钟。
② 热锅注水烧沸，将排骨放入，煮尽血水，捞出冲净。
③ 瓦煲注水烧沸，放排骨、黄豆，以大火煲沸后放入苦瓜，再改小火煲煮2小时，加盐调味即可。

汤品解说

苦瓜清热除烦、润肠生津；黄豆可滋补养心、祛风明目、清热利水。此汤可健脾益气，对高血压、高脂血症、糖尿病均有食疗作用。

玉竹炖猪心

原料
玉竹 ·· 50 克
猪心 ·· 500 克
葱、姜、花椒、盐、白糖、味精、香油各适量

做法
1. 将玉竹洗净，切成段；猪心剖开，洗净血水，切块；葱洗净切段，姜洗净切片。
2. 将玉竹、猪心、姜片、葱段、花椒一同放入锅中煮40分钟。
3. 最后放盐、白糖、味精和香油调味即可。

汤品解说
玉竹可养阴润燥、除烦止渴；猪心能安神定惊、养心补血。此汤具有宁心安神、养阴生津的功效，常食可改善冠脉流量，防治冠心病。

白芍猪肝汤

原料
白芍、菊花 ······································· 各15 克
枸杞 ·· 10 克
猪肝 ·· 200 克
盐适量

做法
1. 将猪肝洗净，切片，焯水；白芍、枸杞、菊花均洗净备用。
2. 净锅上火倒入水煮沸，放入白芍、菊花、猪肝煲至熟。
3. 再放入枸杞，调入盐即可。

汤品解说
白芍可补血养血、平抑肝阳；菊花能清火明目；枸杞滋阴益气。此汤有养血补血、理气止痛的功效，可缓解冠心病之胸闷、胸痛等症状。

海带豆腐汤

原料

女贞子·······························15 克
海带结·····························20 克
豆腐·······························150 克
姜、盐各适量

做法

① 海带结洗净，泡水；豆腐洗净切丁；女贞子洗净备用；姜洗净切丝。
② 锅中加水煮沸，再放入女贞子煮10分钟。
③ 放入海带结、豆腐和姜丝煮10分钟，熟后放盐调味即可。

汤品解说

海带具有降血脂、降血糖、调节免疫、抗凝血、抗肿瘤和抗氧化等多种生物功能。此汤可清热滋阴、降低血压、软坚散结，适合高血压、甲状腺肿大等患者食用。

山楂瘦肉汤

原料

山楂·······························15 克
猪瘦肉·····························200 克
鸡汤···························1 000 毫升
姜、葱段、盐各适量

做法

① 将山楂洗净备用。
② 猪瘦肉洗净，切片；姜洗净拍松。
③ 锅置火上，加油烧热，放入姜、葱段爆香，倒入鸡汤，再放入猪瘦肉、山楂、盐，以小火炖50分钟即成。

汤品解说

山楂具有降血脂、降血压、抗心律不齐等作用，同时也是健脾开胃、消食化滞、活血化痰的良药。故此汤能化食消积、降低血压，适合高血压、腹胀患者食用。

归芪白芍瘦肉汤

原料

当归、黄芪······················各20 克
白芍·····························10 克
猪瘦肉·························· 60 克
盐适量

做法

① 将当归、黄芪、白芍分别洗净，备用；猪瘦肉洗净，切块，备用。

② 锅洗净，置于火上，加适量清水，将当归、黄芪、白芍与猪瘦肉一起放入锅内，炖熟；加盐调味即可。

汤品解说

当归可补气活血，黄芪疏肝和胃，白芍补血养血。此汤对体质虚弱、胁肋疼痛、肝炎、月经不调、产后血虚血淤均有食疗作用。

三七郁金炖乌鸡

原料

三七、郁金···················各6 克
乌鸡·························· 500 克
姜、葱、蒜、盐各适量

做法

① 三七洗净，切成绿豆大小的粒；郁金洗净，润透，切片；乌鸡洗净；蒜洗净去皮，切片；姜洗净，切片；葱洗净，切段。

② 乌鸡放入蒸盆内，加入姜片、葱段、蒜片，鸡身上撒盐，抹匀，鸡腹内放入三七、郁金，蒸盆内再加300毫升清水。

③ 把蒸盆置蒸笼内，用大火蒸50分钟，加盐调味即可。

汤品解说

此汤有理气止痛的功效，对肝气郁结引起的消化性溃疡有食疗作用。

菊花羊肝汤

原料

鲜羊肝·······························200 克
菊花···································5 克
蛋清淀粉·······························15 克
姜、葱、盐、料酒、胡椒粉、味精各适量

菊花：清热祛火、养肝明目

做法

❶ 鲜羊肝洗净，切片；菊花洗净，浸泡；葱洗净切碎，姜洗净切片。

❷ 羊肝片入开水中稍氽一下，用盐、料酒、蛋清淀粉浆好。

❸ 锅内加油烧热，下姜片煸出香味，加水，放入羊肝片、胡椒粉、盐煮至汤沸，放菊花、味精、葱花煲至熟即可。

汤品解说

菊花有清热祛火、养肝明目的功效；羊肝可补气血、清虚热。此汤对消除眼睛疲劳、恢复视力、防治心血管疾病及由风、寒、湿引起的肢体疼痛、麻木等症均有食疗作用。

决明子杜仲鹌鹑汤

原料

鹌鹑…………………………………………………1 只
杜仲………………………………………………… 50 克
山药…………………………………………………100 克
决明子、枸杞………………………………… 各15 克
红枣、姜片、盐、味精各适量

做法

① 鹌鹑去毛，洗净，去内脏，剁成块；杜仲、
枸杞、红枣、山药均洗净备用。

② 决明子装入纱布袋且扎紧袋口，放入煮锅
中，加水1 200毫升熬成高汤，捞出药袋。

③ 高汤中加入鹌鹑、杜仲、枸杞、红枣、山
药、姜片，以大火煮沸后改小火煲3小时，
最后加盐和味精调味即可。

汤品解说

决明子具有清肝火、益肾明目等功效；杜仲可
补益肝肾、强筋壮骨；鹌鹑有消肿利水、补中
益气的功效。

牡蛎豆腐汤

原料

牡蛎肉、豆腐………………………………… 各100 克
鸡蛋…………………………………………………1 个
韭菜………………………………………………… 50 克
葱花、高汤、盐、味精、香油各适量

做法

① 将牡蛎肉洗净；豆腐洗净，切成细丝；韭菜
洗净切末；鸡蛋打入碗中搅匀。

② 起油锅，将葱花炝香，倒入高汤，放入牡蛎
肉、豆腐丝，调入盐、味精煲至入味。

③ 再下入韭菜末、鸡蛋，淋上香油即可。

汤品解说

牡蛎具有软坚散结、收敛固涩的功效；豆腐可
补中益气、清洁肠胃。此汤可潜阳敛阴、清热
润燥，对胃痛吞酸、自汗、遗精、崩漏带下、
糖尿病均有食疗作用。

郁金黑豆炖鸡

原料

鸡腿··································1 只
黑豆·······························150 克
牛蒡·······························100 克
郁金·······························9 克
盐适量

做法

① 黑豆洗净，浸泡30分钟；牛蒡削皮，洗净切块。

② 鸡腿剁块，入开水中汆烫后捞出备用。

③ 黑豆、牛蒡、郁金先下锅，加适量水煮沸，转小火炖15分钟，再放鸡腿续炖30分钟，待肉熟豆烂，加盐调味即可。

汤品解说

黑豆温中益气，郁金行气解淤，牛蒡疏散风热。此汤有补精添髓、散结解毒的功效，对胸胁脘腹疼痛、惊痫癫狂者有较好的食疗作用。

天麻黄精炖乳鸽

原料

乳鸽··································1 只
天麻、黄精、枸杞、葱、姜、盐各适量

做法

① 乳鸽收拾干净；天麻、黄精洗净稍泡；枸杞洗净泡发；葱洗净切段，姜洗净切片。

② 热锅注水烧沸，下乳鸽滚尽血渍、捞起。

③ 炖盅注入水，放入天麻、黄精、枸杞、乳鸽、姜片，以大火煲沸后改小火煲3小时，放入葱段，加盐调味即可。

汤品解说

黄精健脾润肺，天麻息风定惊，枸杞滋阴益气。此汤有平肝养肾、息风降压的功效，是高血压、动脉硬化、中风患者的食疗佳品。

西红柿猪肝汤

原料

猪肝·······························150 克
金针菇······························ 50 克
西红柿、鸡蛋······················· 各1 个
盐、酱油、味精各适量

做法

❶ 猪肝洗净切片；西红柿入开水中稍烫，去皮，切块；金针菇洗净；鸡蛋打散。

❷ 将切好的猪肝入开水中氽去血水。

❸ 锅上火加油，下猪肝、金针菇、西红柿翻炒一会儿，加入适量清水煮10分钟，淋入蛋液，调入盐、酱油、味精即可。

汤品解说

猪肝补肝明目，金针菇益肠胃、补肝抗癌。此汤凉血平肝、健脾降压、清热利尿，能改善因肝血亏虚引起的目赤肿痛、口腔溃疡等症。

海带海藻瘦肉汤

原料

猪瘦肉······························ 350 克
海带、海藻、盐各适量

做法

❶ 将猪瘦肉洗净，切块；海带洗净，切片；海藻洗净。

❷ 将猪瘦肉氽水，去除血腥。

❸ 将猪瘦肉、海带、海藻放入锅中，加入清水炖2小时至汤色变浓后，加盐调味即可。

汤品解说

海带有降血脂、降血糖、调节免疫力的作用；海藻能防癌抗癌。此汤可化痰利水、软坚散结，适合动脉硬化、高血压患者食用。

猪骨肉牡蛎炖鱼汤

原料

鲭鱼 ……………………………………1 条

猪骨肉、牡蛎……………………………各50 克

葱、盐各适量

牡蛎：益智健脑、宁心安神

做法

1. 猪骨肉、牡蛎冲洗干净，一同入锅加1 500毫升水熬成高汤，熬至约3碗，取汤弃渣；葱洗净切段。
2. 鲭鱼处理干净，切段，拭干；入油锅炸至酥黄，捞起。
3. 将炸好的鱼放入高汤中，熬至汤汁呈乳黄色时，加葱段、盐调味即可。

汤品解说

鲭鱼有滋补强壮的功效；猪骨敛汗固精；牡蛎益智健脑、宁心安神。三者配伍，可平肝潜阳、补虚安神，长期服用能壮筋骨、益寿命，治疗和改善男人性无能及不育症。

芹菜响螺猪肉汤

原料

猪瘦肉·······································300 克
金针菇··50 克
芹菜···100 克
响螺、盐、鸡精各适量

做法

❶ 猪瘦肉洗净，切块；金针菇洗净，浸泡；芹菜洗净，切段；响螺洗净，取肉。

❷ 将猪瘦肉、响螺肉放入开水中氽去血水，捞出备用。

❸ 锅中注水烧沸，放入猪瘦肉、金针菇、芹菜、响螺肉，慢炖2.5小时，加入盐和鸡精调味即可。

汤品解说

金针菇补益肠胃，芹菜平肝清热、凉血止血。此汤平肝明目、滋阴润肠，对黄疸、头痛头晕、消渴羸瘦、热病伤津、便秘均有食疗作用。

芹菜西洋参瘦肉汤

原料

芹菜、猪瘦肉·························各150 克
西洋参·······························20 克
盐适量

做法

❶ 芹菜洗净，去叶，梗切段；猪瘦肉洗净，切块；西洋参洗净，切丁，浸泡。

❷ 将猪瘦肉放入开水中氽烫，洗去血污。

❸ 将芹菜、猪瘦肉、西洋参放入开水锅中小火慢炖2小时，再改为大火，加盐调味即可。

汤品解说

芹菜可清热除烦、平肝明目、利水消肿；西洋参益肺清火。此汤对高血压、头痛头晕、暴热烦渴、小便热涩不利等症均有食疗作用。

女贞子蒸带鱼

原料

女贞子···20 克
带鱼 ···1 条
姜适量

做法

1. 将带鱼洗净，去内脏及头鳃，切成段；姜洗净切丝；女贞子洗净备用。
2. 将带鱼段放入盘中，放入蒸锅蒸熟。
3. 再将女贞子放入盘中，加水继续蒸20分钟，撒上姜丝即可。

汤品解说

女贞子补养肝肾，有乌发明目的功效；带鱼补虚解毒，止血养肝。此汤具有增强体质、抗病毒的功效，对于各型肝炎患者均有食疗作用。

灵芝瘦肉汤

原料

黄芪、党参····································· 各15 克
灵芝 ···30 克
猪瘦肉···100 克
姜、葱、盐各适量

做法

1. 将黄芪、党参、灵芝均洗净；猪瘦肉洗净，切块；姜洗净切片，葱洗净切丝。
2. 黄芪、党参、灵芝与猪瘦肉、姜片一起放入锅中，加适量水，以小火炖至肉熟。
3. 加入盐、葱丝调味即可。

汤品解说

此汤有补气固表、保肝护肝、抗病毒的功效，对甲肝患者大有益处。

冬瓜豆腐汤

原料

泽泻······15 克
冬瓜······200 克
豆腐······100 克
虾米、高汤、盐、香油、味精各适量

做法

① 将冬瓜去皮，瓤洗净切片；虾米用温水浸泡洗净；豆腐洗净切片备用；泽泻洗净备用。
② 净锅上火倒入高汤，调入盐、味精。
③ 再放入冬瓜、豆腐、虾米、泽泻煲至熟，淋上香油即可。

柴胡白菜汤

原料

柴胡······15 克
白菜······200 克
盐、味精、香油各适量

做法

① 将白菜洗净，掰开；柴胡洗净，备用。
② 锅中加适量水，放入白菜、柴胡，以小火煮10分钟。
③ 出锅时放入盐、味精调味，淋上香油即可。

洋葱炖乳鸽

原料

海金沙、鸡内金······各10 克
乳鸽······500 克
洋葱······250 克
高汤、姜、白糖、盐、味精、酱油各适量

做法

① 乳鸽处理干净，剁块；洋葱洗净切片；海金沙、鸡内金均洗净；姜洗净切片。
② 锅烧热放油，下洋葱爆炒，然后下入高汤和上述所有原料，以小火炖20分钟，下白糖、盐、味精、酱油即可。

黄芪蛤蜊汤

原料

黄芪·····················15 克
茯苓·····················10 克
蛤蜊····················500 克
辣椒······················2 个
粉丝、冲菜··············各20 克
姜片、盐各适量

做法

❶ 粉丝泡发；冲菜洗净，切丝；辣椒洗净，切细条；黄芪、茯苓、蛤蜊均洗净。

❷ 蛤蜊加水煮熟，沥干。

❸ 起油锅，爆香姜片、辣椒、冲菜丝，放入清水、蛤蜊、粉丝、黄芪、茯苓，加盐煮至粉丝软熟、蛤蜊入味即可。

汤品解说

黄芪益气健脾，茯苓化气行水，蛤蜊有滋阴利水、化痰软坚的功效。几者配伍，对肝硬化患者有较好的食疗作用。

萝卜丝鲫鱼汤

原料

鲫鱼······················1 条
萝卜····················200 克
半枝莲···················30 克
葱、姜片、盐、香油、味精各适量

做法

❶ 鲫鱼洗净；萝卜去皮，洗净，切丝；半枝莲洗净，装入事前准备好的纱布袋中，扎紧袋口；葱洗净，分别切段和切碎。

❷ 起油锅，将葱段、姜片炝香，下萝卜丝、鲫鱼、药袋煮至熟。

❸ 捞起药袋丢弃，调入盐、味精，撒上葱碎，淋上香油即可。

汤品解说

半枝莲有清热解毒、活血祛淤、消肿止痛的功效。此汤适合肝硬化腹水、肝癌患者食用。

肉豆蔻补骨脂猪腰汤

原料

肉豆蔻、补骨脂 ······························各9 克
猪腰 ···100 克
红枣、姜、盐各适量

做法

① 猪腰洗净，切开，除去白色筋膜；肉豆蔻、
   补骨脂、红枣均洗净；姜洗净，去皮切片。
② 锅注水烧沸，入猪腰汆烫，捞出洗净。
③ 瓦煲装水，煮沸后放入猪腰、肉豆蔻、补骨
   脂、红枣、姜片，以小火煲2小时，加盐调
   味即可。

汤品解说

肉豆蔻具有温中下气、消食固肠的功效，还具
有收敛、止泻、健胃、排气的作用；补骨脂则
有补肾壮阳、补脾健胃的功效。故本品具有健
脾和胃、补肾壮阳的功效。

绿豆陈皮排骨汤

原料

陈皮 ···10 克
绿豆 ··· 60 克
排骨 ··· 250 克
盐、生抽各适量

做法

① 绿豆除去杂物和坏豆子，清洗干净，备用。
② 排骨洗净切块，汆水；陈皮浸软，洗净。
③ 锅中加适量水，放入陈皮先煲沸，再放入排
   骨、绿豆煮10分钟，然后改小火煲3小时，
   加盐、生抽调味即可食用。

汤品解说

陈皮具有理气健脾、燥湿化痰的功效，还可助
消化、利胆、排石；绿豆则可消肿通气、清热
解毒。此汤具有开胃消食、降压降脂的功效。

陈皮鸽子汤

原料

陈皮、干贝……………………………… 各10 克
鸽子…………………………………………1 只
猪瘦肉……………………………………150 克
山药、蜜枣、盐各适量

做法

❶ 陈皮、山药、干贝分别洗净，浸泡；猪瘦肉、蜜枣均洗净。
❷ 鸽子去内脏，洗净，斩块，氽水。
❸ 将2 000毫升清水放入瓦煲内，煮沸后加入以上原料，以大火煮沸，改用小火煲3小时，加盐调味即可。

汤品解说

陈皮具有理气健脾、燥湿化痰的功效，还可助消化、利胆、排石；干贝具有滋阴补肾、和胃调中的功能。故此汤能补脾健胃、调精益气。

春砂仁花生猪骨汤

原料

春砂仁…………………………… 8 克
猪骨……………………………… 250 克
花生……………………………… 30 克
盐适量

做法

❶ 花生、春砂仁均洗净，入水稍泡；猪骨洗净，切块，氽水。
❷ 将猪骨、花生、春砂仁放入瓦煲内，注入清水，以大火烧沸，改小火煲2小时，加盐调味即可。

汤品解说

砂仁具有行气调中、和胃醒脾的功效，主治腹痛痞胀、胃呆食滞、噎膈呕吐、寒泻冷痢等症；花生也可健脾开胃。故此汤具有健脾益胃、益气养血的功效。

青豆党参排骨汤

原料

党参 ·························· 25 克
青豆 ·························· 50 克
排骨 ·························100 克
盐适量

做法

❶ 青豆浸泡洗净；党参润透后洗净，切段。
❷ 排骨洗净，切块，热水汆烫后，捞起备用。
❸ 将青豆、党参、排骨一齐放入煲内，加水以
  小火煮约1小时，再加盐调味即可。

汤品解说

党参具有补中益气、健脾益肺的功效，主治脾
肺虚弱、食少便溏、虚喘咳嗽等症；排骨则能
滋阴壮阳、益精补血。故此汤具有健脾宽中、
益精补血的功效。

黄芪牛肉汤

原料

黄芪 ·························· 9 克
牛肉 ·························· 450 克
葱段、香菜、盐各适量

做法

❶ 将牛肉洗净，切块，汆水；香菜拣择洗净，
  切段；黄芪用温水洗净，备用。
❷ 净锅上火倒入水，放入牛肉、黄芪煲至熟。
❸ 下入葱段、香菜段、盐调味即可食用。

汤品解说

黄芪具有补气固表、排脓敛疮、生肌的功效，
可治气虚乏力、食少便溏、中气下陷等症；牛
肉则能补脾胃、益气血、强筋骨。故此汤能益
气固表、敛汗固脱。

黄芪绿豆煲鹌鹑

原料

鹌鹑·····································1只
黄芪、红枣、白扁豆、绿豆、盐各适量

做法

1. 鹌鹑收拾干净；黄芪洗净泡发；红枣洗净，切开去核；白扁豆、绿豆均洗净，浸水30分钟。
2. 锅入水烧沸，将鹌鹑放入，煮尽表面的血水，捞起洗净。
3. 将黄芪、红枣、白扁豆、绿豆、鹌鹑一起放入砂锅，加水后用大火煲沸，改小火煲2小时，加盐调味即可。

汤品解说

鹌鹑有消肿利水、补中益气的功效；黄芪可治气虚乏力、食少便溏、中气下陷等症。故此汤具有益气固表、强身健体的功效。

山药猪胰汤

原料

猪胰·····································200 克
山药·····································100 克
红枣、葱、姜、盐、味精各适量

做法

1. 猪胰洗净，切块；山药洗净，去皮，切块；红枣洗净，去核；姜洗净，切片；葱洗净，切段。
2. 锅上火，放适量水烧沸，放入猪胰，稍煮片刻，捞起沥水。
3. 将猪胰、山药、红枣、姜片、葱段放入瓦煲内，加水煲2小时，加盐、味精调味即可。

汤品解说

山药药食两用，可补脾、肺、肾三脏；猪胰能治脾胃虚弱、消化不良。故此汤具有健脾补肺、益胃补肾的功效。

山药麦芽鸡肫汤

原料

鸡肫 ·· 450 克
山药 ·· 100 克
麦芽 ·· 10 克
红枣、盐、鸡精各适量

做法

① 鸡肫洗净，切块，氽水；山药洗净，去皮，切块；麦芽洗净，浸泡；红枣洗净。
② 锅中放入鸡肫、山药、麦芽、红枣，加入清水，加盖以小火慢炖。
③ 1小时后揭盖，调入盐和鸡精稍煮即可。

汤品解说

山药能滋润血脉、健脾补胃，主治脾虚食少、久泻不止、肺虚喘咳等症；鸡肫能消食导滞。此汤具有行气消食、健脾开胃的功效。

党参生鱼汤

原料

党参 ·· 20 克
生鱼 ·· 1 条
胡萝卜 ·· 50 克
高汤、姜片、葱段、盐、料酒、酱油各适量

做法

① 将党参洗净泡透，切段；胡萝卜洗净切块。
② 生鱼宰杀，洗净，切段；放入六成熟的油中煎至两面金黄后捞出备用。
③ 净锅上火倒油，放入姜片、葱段爆香，倒入高汤，再下生鱼、料酒、党参、胡萝卜、酱油、盐，烧煮至熟即可。

汤品解说

党参具有补中益气、健脾益肺的功效；胡萝卜则可以补中气、健胃消食、壮元阳、安五脏。故此汤具有补中益气、补脾利水的功效。

话梅高良姜汤

原料
高良姜·······················6 克
话梅·······················50 克
冰糖适量

做法
1. 将话梅洗净，切成两半；高良姜洗净，去皮切片。
2. 净锅上火倒入适量水，放话梅、姜片稍煮。
3. 最后调入冰糖煮25分钟即可（可按个人喜好增减冰糖的分量）。

汤品解说
高良姜可温脾胃、祛风寒、行气止痛；话梅可健胃、敛肺、温脾、止血涌痰、消肿解毒。此汤具有健胃温脾、生津止渴的功效。

薏米银耳补血汤

原料
薏米、银耳、桂圆肉、红枣、莲子、红糖各适量

做法
1. 将薏米、莲子、桂圆肉、红枣分别洗净浸泡；银耳泡发，洗净，撕成小朵，备用。
2. 汤锅上火倒入适量水，放入薏米、银耳、莲子、桂圆肉、红枣煲至熟；最后调入红糖搅匀即可。

汤品解说
薏米健脾益胃，桂圆和莲子均可益气补血，红枣和银耳能滋补生津。此汤可辅助治疗脾胃虚弱、肺胃阴虚等症，兼具护肤养颜的功效。

223

豆豉鲫鱼汤

原料

风味豆豉 ·······················150 克
鲫鱼 ···························100 克
清汤、姜、盐各适量

做法

❶ 将豆豉剁碎；鲫鱼洗净，切块，备用；姜洗
净切片。

❷ 净锅上火倒入清汤，调入盐、姜片，放入鲫
鱼烧沸，撇去浮沫，再放入风味豆豉煲至熟
即可。

汤品解说

豆豉能和胃除烦、解腥毒；鲫鱼能益气健脾、
利水消肿、清热解毒。此汤具有温中健脾、消
谷除胀的功效。

蘑菇豆腐鲫鱼汤

原料

豆腐 ···························175 克
鲫鱼 ·····························1 条
蘑菇 ····························· 45 克
清汤、盐、香油各适量

做法

❶ 豆腐洗净，切块；鲫鱼收拾干净，切块；蘑
菇洗净，切块备用。

❷ 净锅上火，倒入清汤，调入盐，放入鲫鱼、
豆腐、蘑菇烧沸，煲至熟，淋上香油即可。

汤品解说

鲫鱼可补阴血、通血脉、补体虚；豆腐可补中
益气、清热润燥、生津止渴、清洁肠胃。此汤
具有健脾开胃、通络下乳的功效。

玉米猪肚汤

原料

猪肚·· 200 克
玉米·· 1 根
姜、盐、味精各适量

做法

❶ 将猪肚洗净，氽水；玉米切段。
❷ 将所有食材放入盅内加水，用中火蒸2个小时；最后加盐、味精调味即可。

汤品解说

玉米可开胃益智、宁心活血、调理中气；猪肚可补虚损、健脾胃。此汤具有健脾补虚、防治便秘的食疗效果。

黄连杏仁汤

原料

黄连·· 5 克
杏仁·· 20 克
萝卜·· 500 克
盐适量

做法

❶ 将黄连用清水洗净，备用；杏仁放入清水中浸泡，去皮备用；萝卜用清水洗净，切块备用。
❷ 将适量水、萝卜、杏仁、黄连一起放入碗中，然后将碗移入蒸锅中，隔水炖。
❸ 待萝卜炖熟后，加入盐调味即可。

汤品解说

黄连有清热燥湿、泻火解毒的功效；杏仁可润肺止咳；萝卜能补中益气。此汤有润肠通便、清热泻火、止咳化痰的食疗作用。

225

薏米肚条煲

原料

猪肚 ·· 500 克
薏米 ·· 300 克
枸杞 ·· 20 克
高汤、姜、蒜、盐、鸡精各适量

做法

❶ 将猪肚洗净切条，汆水沥干；薏米、枸杞均
洗净；姜、蒜洗净切片。

❷ 锅倒油烧热，加入姜片、蒜片爆香，放入高
汤、猪肚、薏米、枸杞，以大火烧沸；加
盐、鸡精炖至入味即可。

汤品解说

薏米有利水、健脾、除痹、清热排脓的功效；
猪肚具有补虚损、健脾胃的功效，主治脾虚腹
泻、虚劳瘦弱、消渴、小儿疳积等症。故此汤
能健胃补虚、除湿利水。

玉米山药猪胰汤

原料

猪胰 ··1 个
玉米 ··1 根
山药 ·· 15 克
盐适量

做法

❶ 将猪胰洗净，去脂膜，切块；玉米洗净，切
成2~3段。

❷ 将山药洗净，浸泡20分钟。

❸ 把以上全部原料放入煲内，加清水适量，以
大火煮沸后，改小火煲2小时，最后加盐调
味即可。

汤品解说

玉米具有开胃益智、宁心活血、调理中气的功
效；山药亦可以健脾养胃；猪胰有补脾胃的功
效。故此汤具有健脾益阴、降糖止渴的功效。

党参鳝鱼汤

原料

鳝鱼 ·· 200 克
党参 ·· 20 克
红枣、佛手、半夏、盐各适量

做法

① 将鳝鱼去鳞及内脏，洗净切段。

② 将党参、红枣、佛手、半夏分别用清水洗净，备用。

③ 把党参、红枣、佛手、半夏、鳝鱼一同放入锅中，加适量清水，以大火煮沸后，改小火煮1小时，调入盐即可。

汤品解说

党参能补中益气、止渴、健脾益肺、养血生津；鳝鱼有补中益血、治虚损的功效。故此汤具有温中健脾、行气止痛的功效。

银杏煲猪小肚

原料

猪小肚 ···································· 100 克
扁豆、白术 ······························ 各15 克
银杏、盐各适量

做法

① 将猪小肚洗净，切丝；银杏炒熟，去壳。

② 将扁豆、白术均洗净，一同装入事前准备好的纱布袋中，扎紧袋口，制成药袋。

③ 将猪小肚、银杏、药袋一起放入砂锅，加适量水，以大火煮沸后改小火炖煮1小时，捞出药袋丢弃，加盐调味即可。

汤品解说

猪肚可补虚损、健脾和胃；白术具有健脾益气、燥湿利水、止汗、安胎的功效。故此汤具有补气健脾、化湿止泻的功效。

白芍椰子鸡汤

原料

白芍……………………………………10 克
椰子、母鸡肉…………………… 各150 克
菜心、盐各适量

做法

❶ 将椰子洗净，切块；白芍洗净，备用。
❷ 将母鸡肉洗净切块，氽水，备用。
❸ 煲锅上火倒入适量水，放入椰子、母鸡肉、
　 白芍，煲至快熟时，调入盐，放入菜心煮熟
　 即可。

汤品解说

白芍有补血养血、敛阴止汗等功效。白芍、椰
子、鸡肉三者熬汤食用，具有益气生津、清热
补虚的功效，对胃及十二指肠溃疡有一定的食
疗效果。

补胃牛肚汤

原料

牛肚…………………………………1 000 克
鲜荷叶………………………………半张
白术、黄芪、升麻、神曲…………… 各10 克
姜、肉桂、茴香、盐、胡椒粉、料酒、白醋各
适量

做法

❶ 将牛肚、白术、黄芪、升麻、神曲均洗净。
❷ 将鲜荷叶垫于锅底，上面放置上述材料，加
　 水烧沸后以中火炖30分钟。
❸ 取出牛肚切成块，放入砂锅，加料酒、茴
　 香、姜、肉桂，以小火慢炖2小时；加胡椒
　 粉、盐、白醋调味，炖至牛肚熟烂即可。

汤品解说

本品具有升阳举陷、健脾补胃的功效，对胃下
垂有一定的食疗功效。

百合参汤

原料

水发百合 ·································15 克
水发莲子 ·································30 克
沙参 ·······································1 根
矿泉水、冰糖各适量

做法

❶ 将水发百合、水发莲子均洗净，备用。
❷ 将沙参用温水清洗，备用。
❸ 净锅上火，倒入矿泉水，调入冰糖，放入沙参、水发莲子、水发百合煲至熟即可。

汤品解说

百合可养阴润肺、清心安神；莲子具有补脾止泻、益肾固精、养心安神等功效；沙参有滋补、祛寒热、清肺止咳的功效。本品具有滋阴润肺、消痰止咳的功效。

银耳百合汤

原料

银杏 ·······································40 克
水发百合 ·································15 克
银耳 ·······································20 克
冰糖适量

做法

❶ 将银杏洗净；银耳泡发洗净，撕成小朵；水发百合洗净，备用。
❷ 净锅上火倒入水烧沸，放入银杏、银耳、水发百合，调入冰糖煲至熟即可。

汤品解说

银杏可敛肺定喘、止带缩尿；百合可清火安神；银耳可滋阴润肺、美容护肤。此品具有补气养血、强心健体的功效。

沙参煲猪肺

原料

猪肺·····································300 克
沙参片·····································12 克
桔梗·····································10 克
盐适量

做法

① 将猪肺洗净，切块，入开水中氽烫。
② 将沙参片、桔梗分别用清水洗净，备用。
③ 净锅上火倒入水，调入盐，放入猪肺、沙参片、桔梗煲至熟即可。

汤品解说

沙参能清热养阴、润肺止咳；桔梗可宣肺祛痰、利咽排脓；猪肺可补虚止血。此汤具有滋阴润肺、益气补虚的功效。

罗汉果杏仁猪蹄汤

原料

猪蹄·····································100 克
杏仁、罗汉果、姜、盐各适量

做法

① 猪蹄洗净，切块，入开水氽烫，捞出洗净；姜洗净切片；杏仁、罗汉果均洗净。
② 把姜片放进砂锅中，注入清水烧沸，放入杏仁、罗汉果、猪蹄，以大火烧沸后转用小火煲炖3小时，加盐调味即可。

汤品解说

罗汉果具有清热润肺、止咳化痰的功效；杏仁能止咳平喘、润肠通便。此汤对于急性气管炎、扁桃体炎、咽喉炎都有很好的疗效。

天门冬银耳滋阴汤

原料

银耳 .... 50 克
天门冬 .... 15 克
莲子 .... 30 克
枸杞 .... 10 克
红枣 .... 7 颗
盐、冰糖各适量

做法

① 银耳用温水泡开，摘洗干净，撕成小朵；莲子泡发；把少许盐放在清水中待用。

② 将天门冬、红枣、枸杞分别洗净。

③ 汤锅加入放盐的清水加热，放入银耳、天门冬、红枣、枸杞、莲子，煮至熟，再加入冰糖调味即可。

汤品解说

银耳可补脾开胃、益气清肠；天门冬可滋阴润燥、清肺生津；莲子养心安神；枸杞补血益气。此汤具有滋阴润肺、美容养颜的功效。

椰子杏仁鸡汤

原料

椰子 .... 1 只
杏仁 .... 9 克
鸡腿肉 .... 45 克
盐适量

做法

① 将椰子汁倒出；杏仁洗净；鸡腿肉洗净，切块，备用。

② 净锅上火倒入水，下入鸡块氽水洗净。

③ 净锅上火倒入椰子汁，下入鸡块、杏仁烧沸煲至熟，调入盐即可。

汤品解说

椰子有生津止渴、利尿消肿的作用；杏仁可祛痰止咳、平喘润肠。此汤具有润肺止咳、下气除喘的功效。

鸽子银耳胡萝卜汤

原料

鸽子……………………………………1只
水发银耳、胡萝卜…………………各20克
盐适量

做法

❶ 将鸽子洗净，剁块，氽水；水发银耳洗净，撕成小朵；胡萝卜去皮，洗净，切块备用。

❷ 汤锅上火倒入水，下入鸽子、胡萝卜、水发银耳，调入盐煲至熟即可。

汤品解说

银耳具有润肺生津、滋阴养胃、益气安神、强心健脑的功效；鸽肉能解药毒、调精益气。此汤具有滋养和血、滋补温和的功效。

杏仁苹果生鱼汤

原料

南、北杏仁…………………………各9克
苹果、生鱼……………………各500克
猪瘦肉……………………………150克
红枣、姜、盐各适量

做法

❶ 猪瘦肉洗净，氽水；南、北杏仁用温水浸泡，去皮，去尖；苹果去皮和心，切成4块。

❷ 生鱼收拾干净；姜洗净切片；炒锅下油，爆香姜片，将生鱼两面煎至金黄色。

❸ 将清水放入瓦煲内，煮沸后加入以上所有原料和红枣，以大火煲滚，再改小火煲150分钟，加盐调味即可。

汤品解说

杏仁能祛痰止咳，苹果能生津止渴。故此汤具有清热祛风、润肺美肤的功效。

鱼腥草乌鸡汤

原料

鱼腥草·······················20 克
乌鸡·····························半只
红枣·····························5 颗
盐、味精各适量

鱼腥草：清热解毒、消肿疗疮

做法

1. 将鱼腥草洗净；乌鸡洗净，切块；红枣洗净，备用。
2. 锅中加水烧沸，放入鸡块氽烫。
3. 净锅加入1 000毫升清水，煮沸后加入以上所有食材，以大火煲开，再改小火煲2小时，最后加盐、味精调味即可。

汤品解说

鱼腥草具有消肿疗疮、利尿除湿、健胃消食的功效；乌鸡能平肝祛风、益肾养阴、除烦热、治消渴。此汤具有清热解毒、消肿排脓的功效，对肺炎、乳腺炎、中耳炎、肠炎等均有较好的食疗辅助作用。

百合莲藕炖梨

原料

鲜百合·······························200 克
梨····································2 个
莲藕·······························250 克
盐适量

做法

❶ 鲜百合洗净，撕成小片状；莲藕洗净，去节，切成小块；梨削皮，切块备用。

❷ 把梨与莲藕放入清水中煲2小时，再加入鲜百合片，煮约10分钟；加盐调味即可。

汤品解说

梨有止咳化痰、清热降火、养血生津的功效；百合益气安神。此汤具有泻热化痰、润肺止渴的功效，适合高血压、失眠多梦患者食用。

丝瓜鸡片汤

原料

丝瓜·······························150 克
鸡胸肉·······························200 克
姜、生粉、盐、味精各适量

做法

❶ 将丝瓜去皮，切块；鸡胸肉洗净，切片；姜洗净，切片。

❷ 将鸡肉片用生粉、盐腌渍入味。

❸ 锅中加水烧沸，下入鸡肉片、丝瓜、姜片煮6分钟，待熟后调入味精即可。

汤品解说

丝瓜可清热解毒、凉血止血、通经络、行血脉。此汤能润肺化痰、美肌润肤，有清暑凉血、祛风化痰的功效。

百部甲鱼汤

原料

甲鱼 ······························· 500 克
生地 ······························· 25 克
知母、百部、地骨皮 ··············· 各10 克
鸡汤、姜、盐、料酒各适量

做法

❶ 将甲鱼收拾干净，去壳，切块，氽烫捞出洗净；将生地、知母、百部、地骨皮均洗净，一同装入纱布袋中，扎紧袋口，制成药袋；姜洗净切片。

❷ 锅中放入甲鱼，加入油、鸡汤、料酒、盐、姜片，以大火烧沸后，改用小火炖至六成熟，加入药袋。继续炖至甲鱼肉熟烂，去掉药袋即可。

汤品解说

百部可润肺，主治下气止咳、杀虫，能用于新久咳嗽、肺痨咳嗽、百日咳等；知母可清热泻火、滋阴润燥。故本品能退虚热、滋阴散结。

虫草鸭汤

原料

冬虫夏草 ······················· 2 克
枸杞 ···························· 10 克
鸭肉 ··························· 500 克
盐适量

做法

❶ 鸭肉洗净切块，放入开水中氽烫后冲净。

❷ 将鸭肉、冬虫夏草、枸杞一同放入锅中，加水至没过材料，以大火煮沸后转小火续煮60分钟；待鸭肉熟烂，加盐调味即成。

汤品解说

冬虫夏草具有补肺平喘、止血化痰的功效；鸭肉有滋补、养胃、补肾、消水肿、止热痢、止咳化痰等作用。故此汤不仅可润肺，还能强阳补精、补益体力。

桑白润肺汤

原料

排骨·····················500 克
桑白皮·····················20 克
杏仁······················10 克
红枣、姜、盐各适量

做法

❶ 排骨洗净，切块，放入开水中余去血水。

❷ 桑白皮洗净；红枣洗净；姜洗净，切丝。

❸ 把排骨、桑白皮、杏仁、红枣放入盛有开水的锅中，以大火煮沸后改小火煲2小时，加入姜丝、盐调味即可。

麻黄陈皮瘦肉汤

原料

猪瘦肉·····················200 克
麻黄、射干·················各10 克
陈皮、盐各适量

做法

❶ 陈皮、猪瘦肉分别洗净，切片；射干、麻黄均洗净，一同煎药汁，去渣备用。

❷ 锅中放少许食用油，烧热后，放入猪瘦肉，煸炒片刻。

❸ 加入陈皮、药汁，加少量清水煮熟，再放入盐调味即可。

杏仁无花果煲排骨

原料

排骨·····················200 克
南、北杏仁·················各10 克
无花果、盐、鸡精各适量

做法

❶ 排骨洗净切块；杏仁与无花果均洗净。

❷ 排骨放开水中余去血渍，捞出洗净。

❸ 锅中加适量水烧沸，放入排骨、无花果和杏仁，以大火煲沸后改小火煲2小时，加盐、鸡精调味即可。

杜仲羊肉萝卜汤

原料

杜仲······················· 5 克
羊肉····················· 200 克
萝卜······················ 50 克
羊骨汤··················· 400 毫升
姜、盐、味精、料酒、胡椒粉、辣椒油各适量

萝卜：下气消积、止咳化痰

做法

❶ 将羊肉洗净切块洗净，汆去血水；萝卜洗净，切成滚刀块；姜洗净切片。

❷ 将杜仲用纱布袋包好，同羊肉、羊骨汤、萝卜、料酒、胡椒粉、姜片一起下锅，加水烧沸后以小火炖1小时，加盐、味精、辣椒油调味即可。

汤品解说

杜仲具有降血压、补肝肾、强筋骨、安胎气等功效；萝卜能下气消食、除疾润肺、解毒生津、利尿通便；羊肉能温补脾胃。此汤可增强血液循环、促进新陈代谢、增强人体免疫力，可用于治疗腰脊酸疼、筋骨无力等症。

熟地羊肉当归汤

原料

熟地、当归······························· 各10 克
羊肉······································175 克
洋葱······································· 50 克
盐、香菜各适量

做法

❶ 将羊肉洗净，切片；洋葱洗净，切块备用。
❷ 汤锅上火倒入水，下入羊肉、洋葱、熟地、
　 当归，调入盐煲至熟；最后撒上香菜即可。

汤品解说

熟地具有补血滋润、益精填髓的功效；当归活
血补血；洋葱能预防癌症。此汤有助阳气生发
的作用，是进补养生的食疗佳品。

甲鱼芡实汤

原料

芡实······························15 克
枸杞······························· 5 克
红枣······························· 4 颗
甲鱼······························300 克
姜片、盐各适量

做法

❶ 将甲鱼收拾干净，斩块，氽水。
❷ 将芡实、枸杞、红枣分别洗净。
❸ 净锅上火倒入水，放入盐、姜片，下入甲
　 鱼、芡实、枸杞、红枣煲至熟即可。

汤品解说

芡实补中益气、滋养强身；甲鱼有固肾涩精、
健脾止泻的功效。此汤具有滋阴壮阳、强筋壮
骨、补益体虚、软坚散结、延年益寿的功效。

巴戟羊藿鸡汤

原料

巴戟天、淫羊藿 ····························· 各15 克
红枣 ································· 8 颗
鸡腿 ·································1 只
盐、料酒各适量

做法

❶ 将鸡腿剁块，氽烫后捞出冲净。

❷ 将除盐、料酒外的所有原料盛入煲中，加水以大火煮沸，转小火续炖30分钟；加料酒、盐调味即可。

汤品解说

巴戟天可补肾助阳、强筋健骨；淫羊藿可补肾壮阳、祛风除湿。此汤可用于治疗阳痿遗精、筋骨痿软、风湿痹痛、麻木拘挛等症。

黄精骶骨汤

原料

肉苁蓉、黄精 ····························· 各10 克
猪尾骶骨 ·······················1 副
胡萝卜·······························1 根
银杏粉、盐各适量

做法

❶ 猪尾骶骨洗净，入开水氽去血水备用；胡萝卜冲洗干净，削皮，切块备用；肉苁蓉、黄精均洗净备用。

❷ 将肉苁蓉、黄精、猪尾骶骨、胡萝卜一起放入锅中，加水至没过所有材料。

❸ 以大火煮沸，再转小火续煮约30分钟，然后加入银杏粉煮5分钟，加盐调味即可。

汤品解说

肉苁蓉具有补肾壮阳、填精补髓、养血润燥等功效。故此汤可补肾健脾，益气强精。

虫草炖雄鸭

原料

冬虫夏草 ··· 2 克
雄鸭 ··· 1 只
葱、姜、盐、味精、陈皮末、胡椒粉各适量

做法

❶ 将冬虫夏草用温水洗净；姜洗净切片，葱洗净切花。

❷ 将鸭收拾干净，切块，氽去血水，捞出。

❸ 将鸭块与虫草用大火煮沸，再用小火炖软后加入姜片、葱花、陈皮末、胡椒粉、盐、味精调味即可。

汤品解说

冬虫夏草有止血化痰、秘精益气、美白祛黑等多种功效；鸭肉则有滋补、养胃、补肾的功效。故本品具有益气补虚、补肾强身的作用。

虫草红枣炖甲鱼

原料

甲鱼 ··· 1 只
冬虫夏草 ··· 5 克
红枣、紫苏 ··· 各10 克
葱、姜、盐、料酒各适量

做法

❶ 甲鱼收拾干净切块；姜洗净、切片，葱切段；冬虫夏草、红枣、紫苏分别洗净备用。

❷ 将甲鱼放入砂锅中，上面放虫草、紫苏、红枣，再加入料酒、盐、葱段、姜片，炖2小时即可。

汤品解说

甲鱼营养丰富，有清热养阴、平肝熄风、软坚散结的功效；冬虫夏草则有抗肿瘤、补肺益肾、止血化痰、秘精益气等多种功效。故本品具有益气补虚、补肾、养肺补心的功效。

首乌黄精肝片汤

原料

何首乌、黄精⋯⋯⋯⋯⋯⋯⋯⋯⋯ 各10 克
猪肝⋯⋯⋯⋯⋯⋯⋯⋯⋯⋯⋯⋯ 200 克
胡萝卜⋯⋯⋯⋯⋯⋯⋯⋯⋯⋯⋯⋯1 根
葱、姜、蒜薹、盐各适量

做法

1 将何首乌、黄精洗净，一同煎水，去渣留汁；胡萝卜洗净切块；猪肝洗净切片；蒜薹、葱均洗净切段。
2 将猪肝片用开水汆去血水。
3 将药汁煮沸，将其余所有食材放入锅中，加盐煮熟即可。

汤品解说

何首乌可补肝益肾、养血祛风；黄精能补气养阴、健脾、润肺、益肾。故此汤可补肾养肝、乌发防脱、补益精血。

核桃仁杜仲猪腰汤

原料

核桃仁⋯⋯⋯⋯⋯⋯⋯⋯⋯⋯⋯ 50 克
猪腰⋯⋯⋯⋯⋯⋯⋯⋯⋯⋯⋯⋯100 克
杜仲⋯⋯⋯⋯⋯⋯⋯⋯⋯⋯⋯⋯10 克
盐适量

做法

1 将猪腰洗净，切小块；杜仲洗净。
2 将核桃仁、杜仲放入炖盅内，再放入猪腰，加入清水。
3 将炖盅放置于炖锅中，炖1.5小时，调入盐即可食用。

汤品解说

杜仲可补肝肾；核桃仁可补肾温肺、润肠通便；猪腰具有补肾气、通膀胱的功效。本品可补肾强腰、强筋壮骨，对肾虚所致的腰椎间盘突出症有食疗作用。

汤品原料图鉴

　　制作书中介绍的这些汤品，需要大量的、各种各样的原材料，为了使读者更好地了解各种汤品的特性，我们特此制作了原料图鉴部分。由于药材与肉类在养生汤中使用最为广泛，所以从中挑选出较为多见的作深度讲解，包括性味归经、主治功效和选购贮藏的小窍门等，以飨读者。

猪肉

补虚强身、滋阴润燥、丰肌泽肤

性味归经： 性平，味甘；归脾、肾经。

选购与贮藏： 优质的猪肉，脂肪白而且硬，还带有香味，肉的外面往往有一层稍微干燥的膜，肉质紧密，富有弹性，手指按压后凹陷处立即复原。一般存放在冰箱的冷藏室内即可。

猪肝

补肝、明目、养血

性味归经： 性温，味甘、苦；归肝经。

选购与贮藏： 新鲜猪肝的颜色以褐色、紫色为佳，手摸坚实无黏液，闻无异味，切开后有余血外溢。生有水泡、变色或有结节的猪肝不要购买。在猪肝外面涂上一层食用油后再放进电冰箱冷藏，可保持原色、原味，且不易干缩。

猪肚

补虚损、健脾胃

性味归经： 性微温，味甘；归脾、胃经。

选购与贮藏： 新鲜猪肚色黄白，手摸劲挺、黏液多，肚内无块和硬粒，弹性足。将猪肚用盐腌好，放于冰箱冷藏保存。

猪腰

益气补肾、生津止渴

性味归经： 性平，味咸；归肝、肾经。

选购与贮藏： 挑选猪腰首先看表面有无出血点，有则不正常；其次看形体是否比一般猪腰大和厚，如果是又大又厚，可能是有病变。购买猪腰后要趁鲜制作菜肴，短时间内可放冰箱保鲜室内保鲜；如果必须放冰箱内冷冻，解冻后的猪腰不宜制作腰花类菜肴，但可把猪腰切成丝或片，再用来制作菜肴。

羊肉

暖中补虚、补中益气、开胃健身、补益肾气、养肝明目

性味归经：性温，味甘；归脾、肾经。

选购与贮藏：正常的羊肉有一股很浓的羊膻味，有添加剂的羊肉羊膻味较淡而且多带有异味。一般无添加剂的羊肉呈鲜红色，有问题的羊肉肉质呈深红色。食用前可存放在冰箱的冷冻室内。

牛肉

补脾胃、益气血、强筋健骨

性味归经：性平，味甘，无毒；归脾经。

选购与贮藏：看肉皮有无红点，无红点的是好牛肉，有红点的是坏牛肉；看肌肉，新鲜牛肉有光泽、红色均匀，较次的牛肉，肉色稍暗；看脂肪，新鲜牛肉的脂肪呈洁白色或淡黄色，次品牛肉的脂肪缺乏光泽，变质牛肉脂肪呈绿色。牛肉应存放在冰箱的冷冻室内。

乌鸡

滋阴补肾、养血益肝、退热补虚

性味归经：性平，味甘；归肝、肾经。

选购与贮藏：新鲜的乌鸡鸡嘴干燥；羽毛富有光泽；口腔黏液呈灰白色，洁净没有异味；乌鸡眼充满整个眼窝，角膜有光泽；皮肤毛孔隆起，表面干燥而紧缩；肌肉结实，富有弹性。新鲜乌鸡肉适宜低温贮藏。

鸡肉

温中补脾、益气养血、补肾益精

性味归经：性温，味甘；归脾、胃经。

选购与贮藏：家庭购买鲜活鸡可让服务人员宰杀，如果需要长时间的保存，可把光鸡擦去表面水分，用保鲜膜包裹后放入冰箱冷冻室内冷冻保鲜，一般可保鲜半年之久。

鸽肉

补肾益气、养血美容

性味归经：性平，味咸；归肝、肾经。

选购与贮藏：宜选取肉质色泽红润的鸽肉购买。新鲜的鸽肉最好在两天内吃完，如果需要长时间保存，应擦净表面水分，放冰箱冷冻室内冷冻保存。

甲鱼

滋阴凉血、补益调中、补肾健骨、散结消痞

性味归经：性平，味甘、咸；归肝经。

选购与贮藏：好的甲鱼动作敏捷、腹部有光泽、肌肉肥厚、裙边厚而向上翘、体表无伤病痕迹；把甲鱼翻转，头腿活动灵活，很快能翻回来。需格外注意的是，买甲鱼必须买活的。一般将甲鱼放在阴凉处存放就可以了。

鲫鱼

和中补虚、除湿利水、温胃消食、补中益气

性味归经：性平，味甘；归胃、肾经。

选购与贮藏：要挑选活的鲫鱼应看其鳞片、鳍条是否完整，以体表无创伤、体色青灰、体形健壮的鲫鱼为佳。活鲫鱼可直接放入水盆中，每天换水；或者将鲫鱼处理好，放入冰箱内冷冻。

鲤鱼

补脾健胃、利水消肿

性味归经：性平，味甘；归脾、肾、肺经。

选购与贮藏：新鲜鲤鱼的表面有透明黏液，鳞片有光泽且与鱼体贴附紧密，不易脱落；不新鲜鲤鱼表面的黏液多不透明，鳞片光泽度差且较易脱落。活鲤鱼可直接放入水盆中，每天换水；或者将鱼处理好，放入冰箱内冷冻。

灵芝

益气血、安心神、健脾胃

性味归经：性温，味淡、苦；归心、肺、肝、脾经。

选购与贮藏：可从灵芝的形体、色泽、厚薄比重上判别其好坏。好的灵芝实体柄短、肉厚，菌盖的背部或底部用放大镜观察，能看到管孔部位；色泽呈淡黄或金黄色的为最佳，呈白色的次之，呈灰白色而且管孔较大的更次。灵芝采收后，去掉表面的泥沙及灰尘，自然晾干或烘干，水分控制在13%以下，然后用密封的袋子包装，放在阴凉干燥处保存即可。

阿胶

滋阴润燥、补血止血、安胎

性味归经：性平，味甘；归肺、肝、肾经。

选购与贮藏：上好的阿胶必须要选用乌驴之皮（东阿县的驴体壮膘肥，毛色乌亮，皮质特别适宜熬胶），加东阿之水，配合极特殊的工艺才能得到。家庭贮藏可把阿胶贮于木箱（盒）内，箱底层放少许石灰或硅胶等其他吸潮剂，这样可防止阿胶因受潮而结块、起霉花。

熟地

补血滋润、益精填髓

性味归经：性微温，味甘；归肝、肾经。

选购与贮藏：选购熟地时，以体重肥大、质地柔软、断面乌黑油亮、味甜、黏性大者为佳。应置于通风干燥处密封贮藏，并防霉、防蛀。

枸杞

补精气、滋肝肾、坚筋骨、明目

性味归经：性平，味甘；归肝、肾、肺经。

选购与贮藏：选购时，不要挑选颜色过于鲜红的枸杞，这种枸杞很有可能是商家为了长期贮存而用硫黄熏过的，误食之后会对健康有危害。挑选枸杞时要以颗粒大、外观饱满、颜色呈红色的为佳。可将枸杞置于冰箱中保存，此法是最简单、实用的一种储藏方法。

百合

养阴润肺、清心安神、补中益气、健脾和胃

性味归经：性微寒，味甘；归肺、心经。

选购与贮藏：选购百合时，以鳞片均匀，肉厚，色黄白，质硬、脆，筋少，无黑片、油片者为佳。鲜百合的贮藏要掌握"干燥、通气、阴凉、遮光"的原则。贮藏期间，发现包装内温度过高或轻度霉变、虫蛀，应及时拆包摊晾、通风，虫患严重时，可用磷化铝等药物熏杀。

党参

补中益气、健脾益肺

性味归经：性平，味甘；归脾、肺经。

选购与贮藏：选购时，西党以根条肥大、粗实、皮紧、横纹多、味甜者为佳；东党以根条肥大、外皮黄色、皮紧肉实、皱纹多者为佳。贮藏前，应先挑走发霉、虫蛀、带虫卵的劣品，且充分晾晒，然后用纸包好装入干净的密封袋内，存储于通风干燥处或冰箱内。

杜仲

降血压、补肝肾、强筋骨、安胎气

性味归经：性温，味甘；归肝、肾经。

选购与贮藏：选购杜仲时，以皮厚而大、糙皮刮净、外面黄棕色、里面黑褐色而光、折断时白丝多者为佳。应置于干燥处保存，防霉变。

银杏

敛肺气、定喘、缩小便

性味归经：性平，味甘、苦、涩，有小毒；归肺、肾经。

选购与贮藏：选购时，以外壳白色，种仁饱满、色白者为佳。干品置于通风干燥处，鲜果要放在通风阴凉处贮藏，不能暴晒，以防霉变。

酸枣仁

宁心安神、养肝、敛汗

性味归经：性平，味甘；归心、脾、肝、胆经。

选购与贮藏：选购酸枣仁时，以粒大饱满、外皮紫红色、无核壳者为佳。应将酸枣仁置于阴凉干燥的地方密封保存，并防霉、防蛀、防鼠食。

当归

补血和血、润燥滑肠、调经止痛

性味归经：性温，味甘、辛；归肝、心、脾经。

选购与贮藏：选购当归时，以主根粗长、皮细、油润，外皮呈棕黄色、断面呈黄白色，质实体重，粉性足，香气浓郁者为质优。当归必须密封后，贮藏在干燥和凉爽的地方。

肉苁蓉

补肾阳，益精血，润肠道

性味归经：性温，味甘、咸；归肾、大肠经。

选购与贮藏：选购肉苁蓉时，以个大身肥、鳞细、颜色灰褐色至黑褐色、油性大、茎肉质而软者为佳。肉苁蓉应置于通风干燥处保存，并防蛀。

锁阳

平肝补肾，益精养血，润肠通便

性味归经：性温，味甘；归肝、肾、大肠经。

选购与贮藏：选购时，以个大、色红、坚实、断面粉性、不显筋脉者为佳。应将锁阳置于阴凉干燥处贮藏，并防霉、防虫蛀。